轨迹数据分析方法及应用

杨雨晴 著

电子工业出版社·
Publishing House of Electronics Industry
北京·BEIJING

内 容 简 介

随着信息、互联网、社交媒体、卫星定位、基于位置的服务（Location Based Services，LBS）等技术的发展，轨迹数据领域迎来了大数据时代。在轨迹大数据背景下，轨迹数据分析的关注度得到持续攀升，它能够借助移动对象的时空特征和移动行为信息发现新知识和模式，从而为智慧城市计算与服务、交通管理与规划、物流管理、智能制造、旅游路径推荐、自然灾害预测与预警、疫情传播监测等诸多领域提供决策支持与服务。本书以轨迹数据相关分析及挖掘技术为主要研究对象，针对轨迹大数据背景下轨迹数据的特征及分析需求，对数据噪声处理、特征提取、相似性度量、参数依赖及复杂轨迹聚类等问题开展了深入研究。

本书可供从事大数据、数据挖掘、机器学习、轨迹数据分析等相关领域的科研及工程人员参考，也可作为高等院校计算机、软件工程及自动化、信息与通信工程等专业的本科生和研究生的学习参考书。

未经许可，不得以任何方式复制或抄袭本书之部分或全部内容。

版权所有，侵权必究。

图书在版编目（CIP）数据

轨迹数据分析方法及应用 / 杨雨晴著. -- 北京 ：
电子工业出版社，2024. 8. -- ISBN 978-7-121-48753-8

Ⅰ. TP274

中国国家版本馆 CIP 数据核字第 2024AG6597 号

责任编辑：徐蔷薇　　文字编辑：曹　旭
印　　刷：北京建宏印刷有限公司
装　　订：北京建宏印刷有限公司
出版发行：电子工业出版社
　　　　　北京市海淀区万寿路 173 信箱　　邮编：100036
开　　本：720×1000　1/16　印张：12.5　　字数：240 千字
版　　次：2024 年 8 月第 1 版
印　　次：2025 年 3 月第 2 次印刷
定　　价：88.00 元

凡所购买电子工业出版社图书有缺损问题，请向购买书店调换。若书店售缺，请与本社发行部联系，联系及邮购电话：(010) 88254888，88258888。

质量投诉请发邮件至 zlts@phei.com.cn，盗版侵权举报请发邮件至 dbqq@phei.com.cn。
本书咨询联系方式：xuqw@phei.com.cn。

前 言

随着信息、互联网、社交媒体、卫星定位、LBS 等技术的发展，大数据已经成为一种新的生产要素，在生产、经营、流通、金融、生物医药、城市管理、安全防护等领域展现出重要价值。在上述背景下，轨迹数据领域也进入了大数据时代。轨迹数据分析是融合计算机科学、地理信息学、数据挖掘、人工智能、图形图像、社会学等多学科的研究领域，其目标是通过分析数据中移动对象的时空特征和移动行为信息发现新知识和模式，帮助人们理解移动对象的活动和迁移规律。在轨迹大数据的背景下，人们对轨迹数据分析的关注度持续攀升。目前，轨迹数据分析的相关技术及成果已被广泛应用于智慧城市计算与服务、交通管理与规划、物流管理、智能制造、旅游路径推荐、自然灾害预测与预警、疫情传播监测等诸多领域，对经济发展、社会进步、国家治理、人民生活都产生了重大影响。然而，随着轨迹大数据时代的不断深入，数据体现出海量、低密度、低质量、复杂性等特征，使得现有方法在轨迹大数据分析与挖掘中遇到了诸多挑战。针对上述特征，结合轨迹大数据分析的相关需求，提出有效的分析与挖掘方法，获取海量轨迹数据背后蕴含的丰富信息，既有巨大的理论研究价值，又有紧迫的现实需求。

近年来，笔者一直从事数据挖掘及应用的相关研究，针对大数据背景下轨迹数据特征及现有轨迹数据分析技术的问题与不足，结合数据挖掘的技术优势，开展了一系列的研究工作。本书是近年来相关研究成果的总结。全书一共分为 6 章，第 1 章主要介绍了轨迹数据及轨迹数据分析与挖掘的基本理论。除第 1 章外，其他章的编排如下。

第 2 章为基于影响空间的噪声检测方法。这一部分针对影响数据质量的噪声问题开展研究，提出了一种基于影响空间的噪声检测方法——NOIS。该方法利用影响空间理论，系统分析和论证了不同数据点的分布特性，并利用上述分布特性对数据集中噪声点存在的可能性进行评估和检测，最后在上述理论的基础上设计并实现了 NOIS 噪声检测算法。

第 3 章为基于影响空间的噪声不敏感特征提取框架。这一部分在第 2 章噪声检测的基础上，针对数据特征提取方法开展深入研究，提出了一个影响空间下的噪声不敏感特征提取框架——ARIS。该框架包含两个模型。第一个模型通过分析噪声在影响空间下的特征来识别和去除噪声；第二个模型利用影响空间下的数据分布将数据集划分为多个微簇，然后通过获取微簇中心来实现特征提取。ARIS 特征提取框架一方面解决噪声干扰，提高数据质量；另一方面可以为下游任务抽取更可靠的特征，增加数据分析和处理的可靠性和效率。

第 4 章为散度距离及其无参密度聚类方法。这一部分针对大数据背景下，欧氏距离处理高维数据效果不理想及参数依赖等人为因素难以适应大数据分析需求的问题，提出了散度距离及其无参密度聚类方法——NAPC 算法。该方法首先在传统欧氏距离的基础上定义了散度距离，以提升高维数据的相似性度量效果；然后，以 DPC 算法为框架，引入了 Adjusted Boxplot 理论，用于解决参数依赖并降低在中心点选择中人为因素的影响。

第 5 章为基于时空密度分析的轨迹聚类算法。这一部分针对大数据背景下复杂轨迹时空密度分析及噪声处理问题开展深入研究，提出了一种基于时空密度分析的轨迹聚类算法——TAD。TAD 算法通过两个新的度量——时空密度函数（NMAST）和噪声容忍因子（NTF），描述复杂轨迹的运动特征，以提升轨迹的聚类精度，尤其适合处理各种复杂或特殊的具有长时隙（时间间隔）的轨迹，其聚类结果可以为后续对轨迹数据的深入研究打下基础。

第 6 章为轨迹数据分析方法的应用。本章重点以天体光谱及智能制造为背景，介绍了轨迹数据分析方法在天光背景数据分析、低信噪比光谱分析及旋转机械故障诊断任务中的应用。首先分析了不同任务中数据的分析和处理需求，然后根据不同任务需求开展噪声处理、特征提取、时空密度分析及聚类等相关工作，最后对不同任务的分析和处理结果进行了详细分析和讨论。

本书的完成得到了太原科技大学人工智能实验室、计算机科学与技术学院各位老师的大力支持，特别是蔡江辉教授、杨海峰教授、张继福教授、赵旭俊教授为本书提供了很多宝贵的建议，在此一并致以诚挚的谢意。

本书所涉及的部分研究工作得到了国家自然科学基金（项目编号为

U1931209）、山西省重点研发项目（项目编号为 201803D121059）、大数据分析与并行计算山西省重点实验室开放课题（项目编号为 BDPC-23-005）、山西省青年基金项目（项目编号为 202303021212223）和太原科技大学博士启动基金（项目编号为 20222119）的资助，在此向有关机构表示衷心的感谢。

　　由于本书作者水平有限，书中难免有不妥之处，欢迎各位专家和广大读者批评指正。

目 录

第1章 绪论 ………………………………………………… 001

1.1 轨迹与轨迹数据分析概述 …………………………… 001

   1.1.1 轨迹数据来源 …………………………………… 002

   1.1.2 轨迹数据特征 …………………………………… 004

   1.1.3 轨迹数据分析的关键技术 ……………………… 005

1.2 轨迹数据挖掘 ………………………………………… 009

   1.2.1 轨迹数据挖掘方法分类 ………………………… 009

   1.2.2 轨迹数据挖掘的应用 …………………………… 017

   1.2.3 轨迹数据挖掘的挑战与发展趋势 ……………… 020

第2章 基于影响空间的噪声检测方法 ……………………… 024

2.1 问题提出 ……………………………………………… 024

2.2 影响空间 ……………………………………………… 025

   2.2.1 影响空间概述 …………………………………… 025

   2.2.2 噪声特性分析 …………………………………… 029

2.3 噪声检测算法 ………………………………………… 034

   2.3.1 算法描述 ………………………………………… 034

   2.3.2 算法分析 ………………………………………… 036

2.4 实验评价 ……………………………………………… 037

   2.4.1 数据描述 ………………………………………… 037

   2.4.2 参数选择 ………………………………………… 039

   2.4.3 人工数据集上的结果分析 ……………………… 045

   2.4.4 真实数据集上的结果分析 ……………………… 049

2.5　本章小结 ··· 051

第3章　基于影响空间的噪声不敏感特征提取框架 ················ 052

3.1　问题提出 ··· 052

3.2　数据特征提取 ··· 054

　　3.2.1　特殊微簇 ··· 054

　　3.2.2　微簇中心 ··· 057

3.3　特征提取框架 ··· 058

　　3.3.1　算法描述 ··· 058

　　3.3.2　算法分析 ··· 060

3.4　实验评价 ··· 061

　　3.4.1　数据描述 ··· 061

　　3.4.2　参数选择 ··· 062

　　3.4.3　比较算法 ··· 062

　　3.4.4　MC 的代表性分析 ··· 063

　　3.4.5　人工数据集上的准确性比较 ································ 065

　　3.4.6　真实数据集上的准确性比较 ································ 069

　　3.4.7　高维数据集上的准确性比较 ································ 077

　　3.4.8　框架效率分析 ··· 078

3.5　本章小结 ··· 084

第4章　散度距离及其无参密度聚类方法 ·························· 085

4.1　问题提出 ··· 085

　　4.1.1　相似性传递效应 ··· 087

　　4.1.2　人为因素 ··· 089

　　4.1.3　密度度量 ··· 092

4.2　关键技术 ··· 093

　　4.2.1　散度距离 ··· 093

　　4.2.2　无参数处理 ·· 096

　　4.2.3　密度度量 ··· 098

　　4.2.4　自动中心点选择 ··· 099

4.3　密度聚类算法 ··· 100

　　4.3.1　算法流程 ··· 100

　　4.3.2　算法分析 ··· 104

4.4　实验评价 ··· 105

4.4.1 数据描述 ·· 105

4.4.2 参数选择 ·· 106

4.4.3 人工数据集上的结果比较 ···················· 108

4.4.4 真实数据集上的结果比较 ···················· 114

4.4.5 高维数据集上的结果比较 ···················· 119

4.5 本章小结 ·· 122

第 5 章 基于时空密度分析的轨迹聚类算法 ············· 123

5.1 问题提出 ·· 123

5.2 时空密度分析 ·· 125

5.2.1 相关定义 ·· 125

5.2.2 时空密度函数 ···································· 129

5.3 轨迹聚类算法 ·· 131

5.3.1 噪声容忍因子 ···································· 131

5.3.2 轨迹聚类算法 ···································· 132

5.4 实验评价 ·· 134

5.4.1 数据描述 ·· 134

5.4.2 参数选择 ·· 134

5.4.3 NMAST 函数的有效性分析 ··················· 136

5.4.4 TAD 算法的有效性分析 ······················ 143

5.5 本章小结 ·· 145

第 6 章 轨迹数据分析方法的应用 ······················ 146

6.1 天体光谱数据分析 ······································ 146

6.1.1 天光背景数据分析 ······························ 148

6.1.2 低信噪比光谱分析 ······························ 155

6.2 旋转机械故障诊断 ······································ 166

6.2.1 问题描述 ·· 167

6.2.2 转子及轴承系统故障简介 ···················· 169

6.2.3 转子–轴承故障诊断原型系统 ················· 174

6.2.4 转子系统故障诊断结果展示 ·················· 178

6.2.5 轴承故障诊断结果展示 ························ 183

6.3 本章小结 ·· 186

参考文献 ·· 187

第 1 章

绪 论

信息、互联网、社交媒体、卫星定位、LBS（基于位置的服务）等技术的飞速发展，使数据的规模发生爆炸式增长，数据的价值和应用也发生了深刻变革。大数据已经和第一次、第二次工业革命浪潮中总结出的资本、劳动、土地、技术、管理要素，以及从知识经济时代中脱颖而出的知识要素一样，成为一种新的生产要素。大数据渗透到各行各业的诸多领域，人们可以通过相对廉价的 GPS 定位器、手机服务、通信基站、信用卡、公交卡等智能采集终端获取大量移动对象活动的轨迹数据，轨迹大数据应运而生。海量的轨迹数据具有很高的研究价值，通过对其分析与挖掘可以发现数据中隐含的有价值的知识或模式，帮助人们理解移动对象的活动和迁移规律，最终实现优化决策、推动生产、促进创新、加速资源流转的目的。轨迹数据挖掘是轨迹数据分析与处理的重要组成部分，也是传统数据挖掘在轨迹数据上的拓展，而传统数据挖掘方法在轨迹数据分析与挖掘任务中遇到许多技术难题，尤其是在轨迹大数据的背景下，体量大、价值密度低、质量低等特征给轨迹数据挖掘的数据预处理、特征提取、模式挖掘、分类、聚类、异常检测等各方面均带来了巨大的挑战，亟须开发有效、灵活的轨迹数据分析与挖掘方法，以适应轨迹大数据的分析与处理需要。

1.1 轨迹与轨迹数据分析概述[1-3]

在移动互联网、卫星定位、LBS 等技术高速发展的背景下，海量轨迹数据被记录下来。轨迹数据是时序数据的典型分支，描述了移动对象所处位置或状态随时间变化的情况，是移动对象时空规律挖掘、行为模式分析等的主要数据来源。

1.1.1　轨迹数据来源

轨迹数据由多个与移动对象运动相关的观测值的有序序列构成。这些观测值可能包含采样位置、时间、高度、速度等信息。以人类活动数据为例，一条典型的人类活动轨迹数据如图 1.1 所示。图中，移动对象沿箭头所示方向从家出发，先到达办公室，再到达超市，最后回到家中。在上述过程中，对移动对象所在位置进行采样获得如黑色圆点所示的移动轨迹，其中任意点坐标 $p_i(\text{long}_i, \text{lat}_i, t_i)$ 的语义表述为该移动对象在 t_i 时刻到达经纬度为 $(\text{long}_i, \text{lat}_i)$ 的位置。

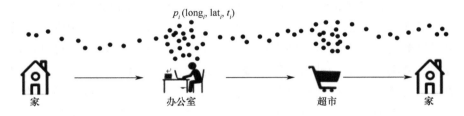

图 1.1　人类活动轨迹数据

在不同的数据来源、采样方式、采样环境及采样设备条件下，获得的轨迹数据在数据质量、数据规模、数据语义等方面存在不同程度的差异。例如，在城市环境中采样轨迹数据时容易受到建筑物阻挡，这会导致设备在传输数据时信号干扰较多。因此，数据缺失、噪声及数据漂移问题显著。为方便对不同类型的轨迹数据进行分析，研究人员根据轨迹数据所描述的移动对象，将现有轨迹数据分为人类活动轨迹、交通工具活动轨迹、动物活动轨迹及自然气象活动轨迹 4 类。上述 4 类轨迹数据的比较如表 1.1 所示。

表 1.1　4 类轨迹数据的比较

轨迹数据分类	典 型 代 表	采 样 设 备	采 样 频 率	数据量
人类活动轨迹	网络购物浏览记录、邮件往来记录	蜂窝基站、手机GPS、社交媒体	每秒/分钟/小时/天一次	PB、EB
交通工具活动轨迹	公交车运营轨迹、飞机航线轨迹	车载 GPS、GIS、IC卡、卡口抓拍设备	每秒/分钟一次	PB、EB
动物活动轨迹	动物日常活动轨迹、动物迁徙轨迹	GPS 颈环、无线观察器、红外线照相机	每分/小时一次	TB
自然气象活动轨迹	飓风、洋流移动轨迹、行星运行轨迹	气象卫星、雷达、传感器	每秒/分钟/小时/天一次	TB

（1）人类活动轨迹。人类活动轨迹是轨迹数据的重要组成部分，在整个轨迹数据中占比较大，数据量达到了 EB 级。这类轨迹数据反映了与人类活动相关的诸多观测行为随时间变化的情况，如人类行走行为、网页浏览行为、邮件往来行为、图书借阅行为等，是人类行为分析、兴趣爱好挖掘的主要数据对象。一般来说，人类活动轨迹的记录方式有主动式记录和被动式记录两种。主动式记录轨迹是人们通过定位设备主动分享出的位置信息，如通过社交网络分享的照片获得的社交网络轨迹。被动式记录轨迹是人们无意间暴露的通过定位设备捕捉的轨迹数据，如通过蜂窝 ID 记录的手机用户位置等。由于人的个体差异大、活动方式多样，人类活动轨迹的采样频率需要覆盖较广的范围，从每秒一次到每天一次都有可能。例如，行人轨迹按秒采样，而邮件往来记录多按天采样。

（2）交通工具活动轨迹。交通工具活动轨迹主要是指海、陆、空构成的人类交通系统中采样设备获得的轨迹数据。例如，车载 GPS 或 GIS 获得的车辆行驶轨迹；IC 卡刷卡记录构成的公交车运行轨迹等。这一类轨迹数据和人类活动轨迹数据一样，数据量很大。由于运行路线及交通工具性能的差异，不同交通工具的活动轨迹的数据特征差异较大。交通工具相应服务要求的实时性较高，因此，采样时间间隔基本以秒和分钟为主。需要指出的是，多数交通工具的活动轨迹也反映了人类的活动规律，和人类活动轨迹的主要区别在于：交通工具活动轨迹主要以不同交通工具为依托，研究一类工具的活动行为，常用于交通规划和管理。

（3）动物活动轨迹。动物活动轨迹相较于前两种轨迹数据的数据量要小很多，是在野外环境下通过 GPS 颈环、无线观察器、红外线照相机等设备获得的一类描述动物活动的轨迹。对该类数据的采集主要在野外进行，采样时间间隔以分钟和小时为主。这类数据可以为动物学家和环境保护专家研究动物迁徙特征、行为特征和生活习惯等提供数据支撑，从而促进动物和生态环境保护。

（4）自然气象活动轨迹。自然气象活动轨迹是气象学家、地理学家、天文学家等研究人员关注的研究领域之一。例如，气象学家、地理学家通过收集台风、飓风移动轨迹及海洋事件等来探索自然现象的活动规律；天文学家通过收集行星运行轨迹帮助人们认识宇宙天体的运动规律。这类数据的数据量小，但是采样时间间隔较大，按秒、分钟、小时、天采样的都有。在台风、洋流及其他海洋事件预警中，实时性要求高的采样通常按秒进行，而在气候研究中，采样通常需要按天进行。

1.1.2 轨迹数据特征

近几年来，随着大数据的蓬勃发展，轨迹数据也进入了大数据时代。轨迹数据不仅具备时序数据的特征，还包含大数据的诸多属性。此外，由于数据来源、采集环境、采集手段、采集设备及数据处理的独特性，轨迹数据也展现出了一些独特的特征。本节从以下 6 个方面来概括轨迹数据的主要特征。

（1）体量大。体量大是轨迹数据的首要特征，轨迹数据作为大数据的分支之一，也具有体量大的特征。由于轨迹数据的来源多，其整体体量目前没有明确的统计数据，但是我们可以从单一类型数据上来感受其数据量的冲击。对于一线城市而言，仅是出租车的轨迹数据量，一天就能够达到 TB 级以上。中国互联网络信息中心（CNNIC）发布的第 52 次《中国互联网络发展状况统计报告》显示，截至 2023 年 6 月，我国网民规模达 10.79 亿人，移动互联网累计流量达 132.5EB。可想而知，网页浏览、邮件往来等作为互联网最主要的活动之一，能够产生的轨迹数据量非常庞大。

（2）实时性。实时性是轨迹数据的第二个典型特征。轨迹数据体量大，不同领域需求的差异大，因此，要求轨迹数据在分析、处理与存储方面能够相对高效，满足实时处理的需求。例如，在对出租车、公交车等交通工具的轨迹数据进行清理和分析时，需要满足实时监测交通流量、拥堵情况和出行的需求，从而更好地为城市交通规划和调度提供决策支持；在基于位置和爱好的推荐服务中，也需要满足实时性需求，以期为用户提供更好的服务；在台风、飓风、海啸等自然灾害预警中，也需要满足实时性需求，做到积极预警、及时处置，保证人们的生命和财产安全。

（3）多样性。轨迹数据的多样性主要体现在数据类型、数据来源、数据规模上。首先，从数据类型上来说，传统大数据以结构化和半结构化数据居多，而互联网的不断发展，非结构化数据的比重越来越大，互联网轨迹数据是上述数据的典型代表。其次，从数据来源上来说，轨迹数据的来源包含人类活动、交通工具活动、动物活动及自然气象活动等，数据来源的多样性同时也带来了数据类型和数据规模的多样性。最后，不同类型和来源的轨迹数据在数据量上各不相同（见表 1.1）。不同类型、来源及规模的轨迹数据共同造成了轨迹数据的多样性，使得轨迹数据的分析和处理技术更加丰富多彩。

（4）时空序列性。轨迹数据是位置、时间、速度等观测值的采样序列。这个序列包含了空间维度和时间维度两方面的观测属性，共同反映了运动对象的时空动态性。时空序列性是轨迹数据最基本的特征。轨迹数据体现出的时空序列性，使得研究者在数据分析和处理时很容易联想到可以用时序数据的分析和处理方法来解决轨迹数据的有关问题。但值得注意的是，轨迹数据还具有一般时序数据不具备的特征，如质量差、异频采样及数据漂移等。因此，需要根据数据特征和任务需求来开发适合轨迹数据分析的模型及算法。

（5）异频采样性。异频采样性是轨迹数据区别于其他时序数据的典型特征。由于移动对象活动的随机性及采样设备的差异，轨迹数据的采样时间间隔通常存在较大差异。如表 1.1 所示，交通工具活动轨迹多以秒或分钟为采样时间间隔，而社交媒体等产生的人类活动轨迹可能以小时或天为采样时间间隔，采样频率的差异性加大了轨迹数据分析和处理的难度。

（6）数据质量差。轨迹数据受到采样环境、设备精度、预处理方式等的影响，质量参差不齐。例如，在城市中采样的轨迹数据容易出现缺失、过程容易受到环境或者其他设备的干扰，数据噪声较大；采样频率的差异及数据传输过程中的时延问题，使得轨迹数据容易在时空上分布不均；连续性运动轨迹的离散化过程可能引入误差。上述所有情况的出现都可能极大地影响轨迹数据的质量，给基于轨迹数据的分析带来一定的困难。

1.1.3　轨迹数据分析的关键技术[4-11]

轨迹数据是移动对象运动过程的典型表征，在以人类生活轨迹为典型代表的轨迹数据中，个体行为具有差异性和多样性，但是不同个体之间的交互及个体与环境之间的交互不是独立的，而是存在不同程度的相互影响，这种影响在行为上体现出关联性和规律性，如餐厅的高峰期基本都在早、晚，大型音乐会吸引着具有相同音乐爱好的人群等，都证明了这种影响的存在。轨迹数据分析的意义和价值在于发现这种关联性和规律性，并利用这种关联性和规律性解释社会生活中的复杂问题和现象，为生产生活提供技术和知识支撑。轨迹数据的大量涌现为数据关联性和规律性的发现提供了保障，研究人员可以通过相关轨迹数据分析技术开展时空结构和规律的建模，从而为诸多领域的决策支撑提供服务。轨迹数据分析和处理框架如图 1.2 所示。

1．轨迹数据预处理

轨迹数据预处理是轨迹数据分析的第一个环节，主要目的是通过数据清洗、停止点检测、轨迹分段、路网匹配、轨迹压缩等手段将原始轨迹数据转换成后续用于完成轨迹数据挖掘、轨迹索引与检索、隐私保护、可视化任务的高质量目标数据。预处理效果直接影响下游任务开展的效果。因此，针对不同的数据特征、应用场景与挖掘目标，采用不同的预处理方式，对后续任务的有效开展具有重要意义。

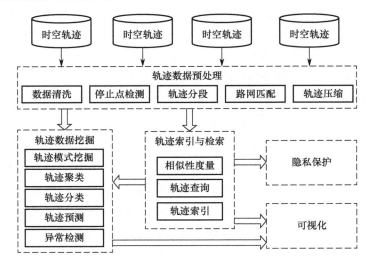

图 1.2　轨迹数据分析和处理框架

（1）数据清洗。数据清洗的主要目的清除冗余、噪声或空值。冗余多是移动对象在静止、匀速状态或设备故障情况下采集的轨迹点，噪声和空值则是由环境干扰，或者软/硬件设备异常导致的错误采样。冗余和噪声的存在一方面增加了轨迹数据分析与处理的时空开销，另一方面也降低了分析结果的可靠性。常用的数据清洗方法包括滤波方法、子空间方法、影响空间方法、回归与插值等。

（2）停止点检测。停止点（Stay Points）也叫停留点，是移动对象某一段时间内在某个区域内停留产生的点。如图 1.3 所示，虚线圈中的点即为轨迹数据的停止点。停止点聚集的区域通常为某些有意义的区域，如图 1.3 中的办公室和超市。在热点区域检测、频繁模式挖掘中通常会先对停止点进行提取，并将提取的点作为后续行为模式分析的数据对象。因此，停止点检测也被作为轨迹数据预处理的方法之一。常用的停止点提取方法包括基于速度阈值、加速度阈值和位置偏移阈值的方法，空间密度聚类方法，以及时空密度聚类方法等。这些方法通常以某种空间或时空度量为基础，将满足阈值约束的点标记为停止点。

（3）轨迹分段。轨迹分段也是很常见的一种预处理方法。分段的目的有两个：一是降低长轨迹分析与处理的复杂性；二是能够使轨迹的语义特征更加明确，便于子轨迹模式分析和挖掘。轨迹分段也是一个很容易影响下游任务性能的预处理手段，分段的标准主要有：时间（或空间）阈值、特征拐点、几何拓扑、语义特征等。在基于时间阈值的分段中，以等时间间隔（分钟或小时为单位）进行分段；在基于特征拐点的分段中，以速度特征值、方向特征值、相似性特征值等变化的拐点为基准进行分段；在基于几何拓扑的分段中，首先分析轨迹的几何拓扑结构，根据几何拓扑结构将轨迹分成若干段；在基于语义特征的分段中，首先考察待分段轨迹的语义，将语义发生明显变化的点作为分段点进行分段。

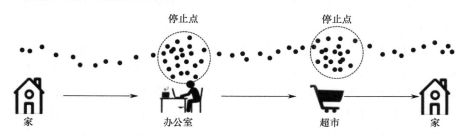

图 1.3　停止点示意图

（4）路网匹配。路网匹配是指将轨迹中一系列有序的地理位置与电子地图中的路网进行关联，然后通过地图匹配算法得到车辆位置的偏差信息并进行实时修正，从而实现对车辆的定位和追踪。例如，网络打车平台将出租车的 GPS 轨迹匹配到实际路网上，对出租车位置进行追踪，从而确保乘客的出行安全。隐马尔可夫模型（Hidden Markov Model，HMM）、几何匹配、拓扑匹配、概率匹配是其中较为常用的方法。

（5）轨迹压缩。随着大数据时代的不断发展，轨迹的数据规模越来越大，给存储、管理、查询等均带来了巨大的压力。因此，轨迹压缩越来越受到研究者的重视，它能够在保持决策能力不变的条件下尽可能地减少轨迹的数据规模，以便对数据进行存储、传输和处理。常见的轨迹压缩算法可以分为以下几类：基于路网约束的轨迹压缩，这类方法主要用在车辆轨迹压缩上；基于相似性度量的轨迹压缩，压缩的前提是度量不同轨迹的相似性，将相似性高的轨迹作为一类，统一压缩；基于特征点的轨迹压缩，受特征提取的影响较大，提取不同的特征点，最终压缩效果的差异可能较大；基于语义信息的轨迹压缩，压缩后轨迹的可读性较好，但是容易导致空间信息丢失。

2．轨迹索引与检索

时空轨迹数据分析已经广泛应用于社会生活的各个领域，如城市规划、交通管理、物流管理、旅游路径推荐、自然灾害预测与预警、疫情传播监测等，上述任务的完成与轨迹检索（或查询）息息相关，海量轨迹中的相似性轨迹查询已经成了时空轨迹数据分析的重要研究内容之一。而高效查询的实现与索引密不可分。索引能够通过减少轨迹间相似度计算的工作量来提高轨迹查询效率。

（1）轨迹检索。轨迹检索也叫轨迹查询，是指在用户给定的查询条件下，返回用户需要的轨迹数据。Deng 等人根据轨迹查询范围将轨迹查询分为点或点集查询、区域查询，以及线查询三类。点或点集查询通过用户给定的查询条件返回兴趣点或兴趣点的集合。K 近邻兴趣点查询是这一类方法的典型代表，其通过相似性度量获取与目标查询条件最相近的 K 个兴趣点。区域查询返回的是符合查询约束的特定区域内的轨迹段，典型查询方法包括 Voronoi 图和 K 近邻区域查询。线查询的主要目的是获取相似或满足距离约束的轨迹，在该类方法中以 Top-K 查询最为常见，主要包括基于索引的 Top-K 查询、基于距离的 Top-K 查询及基于新硬件（并行 GPU）的 Top-K 查询等。

（2）轨迹索引。通过遍历的方式来从海量数据库中检索满足条件的轨迹的时空开销是难以接受的。轨迹索引为高效查询的实现提供了解决方案，现有的多数查询方法都以索引为基础，索引和检索已经密不可分。例如，在经典的 Top-K 查询中引入 KD-Tree、B-Tree、R-Tree、四叉树等索引来提升查询效率。

3．轨迹数据挖掘

轨迹数据挖掘是轨迹数据分析的主要内容，可以在轨迹数据预处理之后进行，也可以在轨迹索引与检索之后进行，主要目的是挖掘轨迹数据中有价值的知识或模式，主要任务包括轨迹模式挖掘、轨迹聚类、轨迹分类、轨迹预测以及异常检测等。

4．隐私保护

移动终端、全球定位系统及移动互联网的发展，促进了基于位置服务（LBS）技术的发展，通过数据分析来提高用户服务质量已经成为趋势，这使得轨迹隐私泄露问题更加显著。轨迹隐私属于个人隐私的范畴，主要指轨迹中的敏感信息或从轨迹中推断出的其他个人敏感信息（如移动对象的家庭或工作地点、兴趣爱好、健康状况等）。恶意攻击者可能利用上述信息开展不法行为，从而造成不良社会影响。因此，在轨迹大数据背景下进行隐私保护对于个人及社会意义重大。现阶段，轨迹隐私保护主要有地理位置隐私保护、时间相关性隐私保护、行程特征隐私保护三大类。例如，K-匿名模型通过地理匿名区域隐藏用户的真实位置；借助生成对抗网络（Generative Adversarial Network，GAN）、HMM、贝叶斯网络（Bayesian Network，BN）等对轨迹进行伪造，然后将伪造的轨迹代替原始数据进行发布，消除时间相关性；将轨迹中的主要特征以直方图的形式进行表示，再对直方图中的各区间添加噪声后发布，以掩盖轨迹行程特征。

5. 可视化

广义的可视化是数据可视化、信息可视化、科学可视化等多个领域的统称，轨迹数据的可视化原指根据地理信息和空间数据模型，有效表示和分析地理现象与空间实体的关系，这种可视化多被作为 GIS 中的一种服务。随着轨迹数据分析技术的不断发展，人们对轨迹数据分析的可理解性越来越关注，轨迹可视化已经从服务发展成涵盖轨迹数据分析多个阶段、多种任务的技术手段。例如，可视化技术能够将轨迹数据转换成易于理解和操作的形式，使得人们能够直观地观察轨迹数据的时空分布；对特征提取后的轨迹点进行可视化可以帮助人们理解轨迹特征，发现热点位置；对天体运行轨迹的可视化可以帮助人们理解不同天体运行的周期性特点。

1.2　轨迹数据挖掘

轨迹数据挖掘是传统数据挖掘方法在轨迹数据分析中的应用，相关技术与方法涉及计算机科学、地理信息科学、数据挖掘、人工智能、图形图像学与社会学等多个学科，主要技术包含模式挖掘、聚类、分类、异常检测、回归、预测等多种方法，主要应用涵盖金融、通信、交通、医疗、生物、天文、制造业等多个领域，有深刻的理论研究价值和广泛的应用前景。

1.2.1　轨迹数据挖掘方法分类[12-20]

轨迹数据挖掘方法的分类方式有多种：根据数据挖掘所关注的时空维度

可以分为空间轨迹挖掘和时空轨迹挖掘；根据数据挖掘的主要任务可以分为轨迹模式挖掘、轨迹聚类、轨迹分类、轨迹预测、异常检测等。本节将根据不同的挖掘任务对轨迹数据挖掘的主要方法进行介绍。

1．轨迹模式挖掘

轨迹模式挖掘是轨迹数据挖掘的主要任务之一。其目标是从轨迹数据中发现移动对象运动的时空模式。这对于人类理解人群流动、动物迁徙、城市规划、天体运行与宇宙演化等诸多问题具有重要价值。轨迹模式主要有伴随模式、频繁模式、周期模式、聚集模式、异常模式 5 种。对于不同模式的挖掘任务，挖掘方法也不同。上述 5 种模式挖掘比较在表 1.2 中给出。

表 1.2　不同轨迹模式挖掘比较

模式分类	挖掘机制	主要手段	应用场景
伴随模式	一段时间内一起运动的一组对象	Apriori、FP-Tree、DTW、LCSS	资源分配、服务推荐、治安管理、疫情防控等
频繁模式	高度相似的轨迹	Apriori、FP-Tree、AprioriTraj、FPS-Tree、MR-PFP	轨迹压缩、移动方向预测
周期模式	轨迹中不同时间段周期性出现的轨迹	傅里叶变换、自相关	资源配置与规划、轨迹压缩、存储
聚集模式	一定时间一定区域内聚集的轨迹	遗传算法、神经网络、聚类技术、属性分析	群体事件预测、资源分配、交通规划
异常模式	移动行为严重偏离其他多数轨迹的轨迹	机器学习、统计分析、距离方法、网格划分、轨迹特征分析	交通分析、事故预警

伴随模式挖掘是指从时间和空间两个维度出发，挖掘大量时空轨迹数据集中与给定轨迹最相似的 K 条轨迹，这些轨迹在地理空间中表现为同时运动，在交通规划与资源配置、服务推荐、疫情防控、治安管理等多个领域中具有重要应用。伴随模式挖掘主要通过持续时间和空间地理区域约束来查找范围，常用方法包括 Apriori、频繁模式树（Frequent Pattern-Tree，FP-Tree）、动态时间规整（Dynamic Time Warping，DTW）、最长公共子序列（Longest Common Subsequence，LCSS）等。

时空轨迹的频繁模式挖掘与序列数据的频繁模式挖掘类似，但由于轨迹数据的异频采样性、数据质量差、数据漂移等特征，直接采用传统序列模式进行挖掘的效果并不好。因此，研究者对序列挖掘模式的相关方法进行了扩展，T 模式是扩展方法的典型代表，被用来提取轨迹数据中位置、时间和语义维度等信息。借鉴 T 模式也出现了一些跟踪性的研究。Apriori、FP-Tree 也是频繁模式挖掘的经典算法，相关算法还有 AprioriTraj、FPS-Tree（单遍扫描频繁模式树）、MR-PFP（并行频繁模式增长）等，这些算法都在轨迹数据的频繁模式挖掘中取得了不错的效果。

移动对象的活动具有很强的随机性，在空间上是多重交叉的，不仅表现出序列性，还表现出周期性，周期模式挖掘也是一类典型的模式挖掘任务。周期模式是指轨迹中不同时间内周期性出现的序列观测值，这种模式在日常生活中很常见，如运动爱好者每天早上在一定时间段内晨跑或在特定时间去健身房健身，旋转机械在特定时间反复经过某一位置。周期模式挖掘的常见做法：首先对活动周期、停留时间、位置等与周期性活动相关的兴趣点（Point of Interest，POI）进行提取，然后对这些 POI 进行分析，判断是否符合周期模式，傅里叶变换、自相关等都是其中常用的分析方法。轨迹数据的周期性特征可以帮助人们合理地配置规划资源，同时利用周期性可以对轨迹进行压缩与存储，从而降低轨迹数据的存储开销，加速轨迹数据分析和处理的效率。

聚集是一种典型的活动方式，聚集的区域通常为有意义的地理区域，聚集活动通常对应着不平常的事件。聚集模式挖掘有助于发现、监测、预测日常生活中非平凡的群体事件，促进社会安全和稳定。此外，聚集模式挖掘也有助于合理配置资源，开展交通规划等。遗传算法、神经网络、聚类技术、属性分析在聚集模式挖掘中应用相对广泛。

轨迹数据的异常模式挖掘旨在发现轨迹数据中偏离大多数轨迹的轨迹。进行异常模式挖掘的好处是，一方面挖掘出的异常轨迹本身可能具有重要的研究价值，另一方面可以为其他任务的开展提供更可靠的数据。轨迹异常模式挖掘的常用方法包含机器学习、统计分析、距离、网格划分、轨迹特征分析等几大类，应用场景主要涉及交通分析、事故预警等。

2. 轨迹聚类

轨迹聚类是一种典型的时空聚类分析技术，主要目标是将轨迹点或轨迹按照某种时空相似性度量分为不同组，使得同一组内的轨迹点或轨迹相似性足够高。轨迹聚类方法的分类如图 1.4 所示。

基于密度的方法根据密度约束将轨迹点归为不同簇。高效的密度度量方式是这一类方法取得好的聚类结果的关键。基于密度的噪声空间聚类（Density-Based Spatial Clustering of Applications with Noise，DBSCAN）、点顺序识别聚类结构（Ordering Points to Identify The Clustering Structure，OPTICS）、密度连接聚类（Densest-Join Clustering，DJ-Cluster）、基于群体智能和多目标优化的聚类（Clustering Based on Swarm Intelligence and Multi-Objectine Optimization，CB-SMoT）等算法是这一类方法的典型代表。这一类方法是轨迹聚类中经典且常用的方法，能够发现任意形状的簇且对噪声不敏感，但是这一类方法计算量大，通常涉及多个参数且参数的取值难以确定。

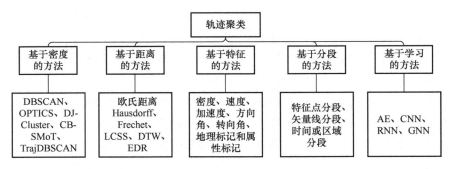

图 1.4 轨迹聚类方法的分类

基于距离的方法利用某种距离度量手段获得轨迹点之间的距离并以此来衡量轨迹的相似性，最后将相似的轨迹聚为一类。轨迹聚类中应用比较广泛的距离度量有欧氏距离、DTW 距离、LCSS 距离、实序列编辑距离（Edit Distance on Real Sequence，EDR）、Hausdorff 距离、Frechet 距离等。不同距离度量对数据的要求不同：欧氏距离简单，但是不能处理长度不一致的轨迹且对噪声敏感；DTW 距离相对灵活，对轨迹长度不做限制，但是结果受离群点影响大；LCSS 距离对噪声不敏感，但是其中的最小阈值参数较难确定；EDR 对噪声不敏感，能够处理不同长度的轨迹和时间漂移，但是该计算方法的时空复杂度高；Hausdorff 和 Frechet 都是基于形状的距离度量，Hausdorff 距离计算时需要考虑双向距离的不同，Frechet 距离利用动态规划的思想，二者受噪声影响都较大。

基于特征的方法并不直接对轨迹本身进行比较，而是先从轨迹中提取特征，然后根据特征定义相似性度量，最后利用相似性度量的结果将轨迹分为不同簇。轨迹聚类中利用的特征并不唯一，包括密度、速度、加速度、方向角、转向角、地理标记和属性标记等。基于特征的方法中所涉及的特征度量方式多是人为定义，最终结果受人为因素影响较大，且不同特征度量下获得的特征值差异可能较大。

基于分段的方法根据不同的分段规则将一条完整的轨迹分割成多个较

小的轨迹段，将这些轨迹段作为聚类的基本单元。例如，将每个线段的端点视为位置；利用矢量线来表示轨迹并选择特征点来打断整条轨迹，以轨迹段为聚类对象。基于分段的方法能够降低长轨迹处理的复杂度，便于抓住轨迹的局部特征，但是可能损失轨迹的整体特征，且聚类效果受分段的影响较大。

上述轨迹聚类方法多以传统轨迹聚类技术为基础，部分方法已经难以适应轨迹大数据体量大、时效性高、质量低等多方面的需求了。随着人工智能、神经网络、深度学习等技术浪潮的不断推进，高性能的轨迹聚类、基于学习的轨迹聚类技术迎来了研究热潮。例如，利用图形处理器（Graphics Processing Unit，GPU）优化算法，降低轨迹相似性度量、特征提取及聚类过程中的时间开销；基于 Spark、MapReduce 等实时并行分布式计算框架优化轨迹聚类算法的性能；利用自编码器（AutoEncoder，AE）、卷积神经网络（Convolutional Neural Network，CNN）、循环神经网络（Recurrent Neural Network，RNN）、图神经网络（Graph Neural Network，GNN）等学习轨迹的表征，并通过表征对轨迹进行聚类。

轨迹聚类在整个轨迹数据分析的框架中尤为重要，它既是轨迹数据分析中一个独立的分析任务，又可以用作其他任务中的辅助技术手段。例如，在数据预处理中，通过聚类识别噪声，提高数据质量；在轨迹压缩过程中，通过聚类减少对轨迹数据挖掘的计算资源和存储资源的消耗；在停止点提取中，通过聚类提取满足时空约束的停止点；在轨迹数据分类中，首先通过聚类提取特征，然后根据提取的特征建立分类模型并进行数据分类。除此以外，轨迹聚类在模式挖掘、隐私保护等任务中也有交叉应用，后续章节中的噪声处理、特征提取都与聚类技术息息相关。

3．轨迹分类

轨迹分类与聚类类似，都是将具有某种共同属性或特征的数据归并在一起。二者区别是，聚类根据数据自身的性质分组，而分类的结果依赖于轨迹数据的标签。这种带标签的轨迹数据被称为训练数据，分类过程中需要通过训练数据建立一个分类模型，使这个模型可以用于预测标签未知的轨迹数据的类别。

轨迹分类过程如图 1.5 所示。图中的预处理过程与轨迹数据分析框架中的预处理技术类似，主要包括去噪、分段、去重等。轨迹特征提取的主要目的是分离出起分类作用的决策属性或特征，加速分类器的训练，时间特征、位置特征、速度特征、形状特征等都是特征提取中关注的特征。建立分类器的过程是将训练数据的特征向量作为分类器的输入，训练出分类器。常用的分类器包括支持 BN、HMM、支持向量机（Support Vector Machine，SVM）、决策树（Decision Tree，DT）、朴素贝叶斯（Naive Bayes，NB）、随机森林（Random Forest，RF）、高斯混合模型（Gaussian Mixed Model，GMM）、逻辑回归（Logistic Regression，LR）、神经网络等。

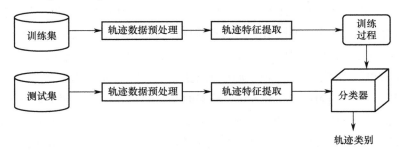

图 1.5　轨迹分类过程

轨迹分类在行为分析、服务推荐、智能交通管理、工业故障检测等诸多领域都发挥了积极的作用。但是对轨迹数据分类并非易事，轨迹分类中的数据预处理、特征提取及分类器训练的各阶段都直接影响最终的分类效果。例如，轨迹数据本身噪声、冗余较大，数据存在漂移的情况，以及采样频率不同；同时，轨迹的复杂度越来越高，单条轨迹的长度增加、同一轨迹中出现不同类型或模式的概率较大。上述因素对轨迹数据的预处理提出了更高的要求，提高预处理精度为后续分类工作提供更可靠的数据是需要重点关注的问题之一。分类模型构建中分类特征提取直接决定了后续分类的有效性，如何对不同类型轨迹提取出最有辨别能力的特征难度较大。分类是一种依赖于标签数据的方法，而轨迹大数据背景下具有标签的数据相对较少且不一定完备，尤其是在复杂运动情况下，一条轨迹包含多种运动状态，人为标注的难度很大。如何让模型在标签少、标签不完备的情况下获得理想的分类效果也是当前亟待解决的问题。

4. 轨迹预测

轨迹预测也叫移动目标轨迹预测，是指通过挖掘移动目标的历史位置或其他与行为相关的信息，来预估移动目标在未来某个时刻的位置或行为状态。轨迹预测的相关研究方法大致可以归为数据驱动和行为驱动两大类，数据驱动的方法从轨迹数据本身出发，通过发现海量历史数据背后隐含的移动对象的行为特征来对移动目标的未来趋势进行预测，基于行为驱动的方法从移动对象的行为和意图出发，通过移动目标的状态和操作信号来辨识意图和预测下一时间段的行为。不同轨迹预测方法的比较如表 1.3 所示。

表 1.3　不同轨迹预测方法的比较

驱动方式	模型分类	代表方法	优缺点
数据驱动	概率统计	KF、ARIMA、HMM、GMM、NB	简单高效，但存在假设依赖
	神经网络	BP 网络	自适应能力强，收敛速度慢，存在局部极小化问题
	深度学习	MLP、RNN、LSTM、ELM、GAN	实时高效，模型训练时间较长，可解释性较差
	混合	CNN-LSTM、LSTM-RNN、LSTM-GCN、ELM-MLP	精度高，泛化能力强，训练时间较长，易于过拟合
行为驱动	动力学	社会力模型、注意力机制	可解释性强，精度较高，依赖理想环境和状态假设
	意图识别	生成式模型、判别式模型	实时性强，方法新颖，仅限意图明确的特定场景

概率统计、神经网络、深度学习及混合模型是数据驱动方法中的四大类模型。概率统计模型简单高效，但是这类模型建立在历史轨迹数据与待预测轨迹存在一定相关性的基础上，常用概率统计模型涉及卡尔曼滤波器（Kalman Filter，KF）、差分自回归移动平均（Autoregressive Integrated Moving Average，ARIMA）、HMM、GMM、NB 等方法及其相关变体。神经网络和深度学习模型自适应能力较强、实时性较高，但是在模型训练时间、收敛速度及可解释性上存在较大问题。反向传播（Back Propagation，BP）网络、多层感知机（Multi-Layer Perception，MLP）、长短期记忆（Long Short-Term Memory，LSTM）、极限学习机（Extreme Learning Machine，ELM）、GAN等方法在这一类模型中获得了广泛的应用。为了集合不同模型优点，出现了混合模型的轨迹预测方法，如 CNN-LSTM、LSTM-RNN、LSTM-GCN（Graph Convolutional Network，图卷积网络）、ELM-MLP 等。这些方法泛化能力强，精度也相对较高，但是模型训练的时间消耗也较大。基于动力学模型和意图识别模型的行为驱动方法相对于数据驱动方法具有较强的可解释性，这类方法利用了移动对象的真实运动特征和运动意图，因此，预测的准确性与预测所用假设是否和真实环境一致关系密切。动力学模型中常用的方法包括：社会力模型、

注意力机制；意图识别模型中常用的方法包括生成式模型等。

轨迹预测是智能科学与技术、交通运输等多学科的交叉研究，其结果对于推动智能交通管理、异常行为识别、资源调度分配、出行决策支持、动态路径规划（导航）等领域的理论和实践研究均具有重要的价值。

5．异常检测

异常轨迹是与数据集中频繁出现的轨迹模式不一致或不符合预期的轨迹。轨迹数据的异常检测从检测范围上分为异常值检测、异常轨迹检测两种。异常值是指偏离大多数数据或不符合预期的观测值。异常轨迹检测一方面可以为后续的分析与挖掘提供更加精准的数据，另一方面在科学研究和工业应用中的实用价值也很高。

轨迹数据中的异常检测方法主要包含基于统计、基于距离、基于网格、基于密度及基于学习的方法五大类，如图 1.6 所示。基于统计的异常检测方法主要有参数化方法和非参数化方法两种。参数化的方法简单快速，但是参数确定和优化难度较大；除此之外，还包含基于高斯模型、回归模型、直方图、核函数的方法等。基于距离的异常检测方法由 Knorr 等人于 2000 年提出，首先用位置、方向、速度特征表示轨迹，然后利用相似性度量分离异常轨迹，其中常用的距离度量与基于距离的轨迹聚类方法类似。基于网格的方法先将轨迹路网划分成多个网格单元，然后对异常的网格单元序列进行检测。例如，利用欧氏距离、DTW、Hausdorff 等距离度量计算网格轨迹的相似性，寻找异常轨迹；将网格与密度、速度、位置、方向等特征结合检测异常轨迹；在网格中开展局部异常因子（Local Outlier Factor，LOF）、DBSCAN 等空间聚类检测异常；对网格建立索引，并在并行平台上开展异常检测，提升检测效率。基于密度的异常检测方法将不满足密度约束的轨迹点或轨迹作为异常轨迹，其中密度度量包含空间密度和时空密度两种，高斯概率密度、DBSCAN、密度峰快速搜索和识别聚类（Clustering by Fast Search and Find of Density Peaks，DPC）等算法及其相关变体是这一类方法中的常用方法。

随着深度学习技术在高维数据、序列数据、空间数据、图数据等类型数据上的应用，研究人员提出了大量基于学习的轨迹数据异常检测方法。这类方法的主要思想是，通过设计深度学习模型，让算法学习正常轨迹和异常轨迹之间的时空特征差异来识别异常。在实际应用中已经证明，基于学习的异常检测方法的表现明显优于其他方法。CNN、RNN、AE、GAN、LSTM 等都是这类方法中的代表算法。

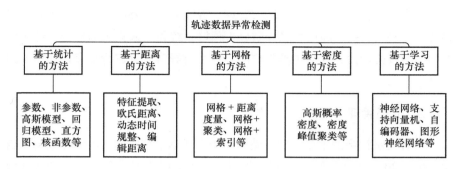

图 1.6　轨迹数据异常检测方法的分类

　　轨迹的异常检测研究具有重要的理论价值和实践意义，在现实中的应用也比较广泛。例如，网络入侵检测、金融和电信欺诈检测、工业故障检测、医学诊断、动物习性分析、自然气象预测等。

1.2.2　轨迹数据挖掘的应用[21-28]

　　海量轨迹数据为轨迹数据挖掘提供了宝贵的数据资源，通过挖掘其中有价值的知识和模式，可以帮助人们了解人与人、人与环境、动物与动物、动物与环境及人与动物之间的关系，在推动社会经济文明发展的同时促进人与自然和谐共生。本节从行为分析、交通管理、服务推荐、故障诊断、自然气象分析及动物习性分析 6 个角度对轨迹数据挖掘的应用进行简单介绍。

1. 行为分析

　　人的行为表现是复杂的，往往由多种属性构成，并且容易受到各种因素的影响。为了有效开展行为分析，需要借助心理学、社会学、人类学、经济学、法理学、教育学、管理学等多个学科的知识及理论。典型的行为分析包括行人行为分析、驾驶（车辆）行为分析、群体行为分析、学生校园行为分析等。以行人行为分析为例，行人的行进行为高度自由且复杂，违反交通行为的现象相对较普遍，如不沿指定的人行横道穿过马路、不遵守红绿灯指示等。此外，有的行人移动迅速，而有的行人移动缓慢，并且速度变化难以预知。上述因素增加了行人行为分析的难度。为了对行人进行保护，在自动驾驶系统中，通过深度学习、图形神经网络等技术对行人轨迹进行预测，并根据预测结果发出正确指令规范车辆的行为，降低车辆与行人发生碰撞的概率。群体行为分析通过所研究社会群体的轨迹，如与公交、地铁、通信等方面相关的轨迹数据，分析个人与群体、群体与群体之间的共同行为和关系，揭示社会状态和发展，为智慧城市管理、智能交通和公共安全等诸多领域提供技术和决策支持。高校智慧校园分析预警系统利用采集到的校园轨迹来分析学生的校园行为，并通过异常检测等技术对异常轨迹进行预警，促进校园安全。

2．交通管理

随着经济社会的不断发展，城市智能交通越来越便捷，车辆总量越来越大。截至 2023 年 9 月底，全国机动车保有量达 4.3 亿辆，给城市交通管理带来了巨大的压力。中国社会科学院估计，交通拥堵每天给社会带来 4000 万元人民币的损失，每年的损失达 146 亿元人民币。如何高效组织、管理、规划城市交通是城市建设和发展的重要问题。通过对海量的车辆轨迹数据进行分析，可以发现车辆轨迹数据中有价值的信息，从而为交通管理提供决策参考。例如，通过车辆 GPS 数据，可以对城市交通进行模拟与监控；通过对手机、出租车、公交车定位数据进行模式分析，模拟城市人口的动态轨迹，可以预测人类未来出行方式，从而缓解城市交通拥堵；通过分析车辆 GPS 轨迹数据可以发现拥堵路段及交通异常现象，及时疏导交通或应对公共突发事件；通过对轨迹数据的可视化研究，不仅可以在城市监测平台上展示交通状况，还能够帮助人们直观理解人类行为模式，从这些轨迹数据中分析出造成城市交通拥堵的各种因素，促进交通管理活动的有效开展。

3．服务推荐

随着移动互联网、GPS 定位设备的普及，个人行为轨迹以及车辆轨迹大量产生并被记录。这些轨迹和用户的位置、偏好等有着密切关系，有助于生成更加准确的推荐结果，服务推荐成了研究人员关注的热点。在社交网络服务中，基于用户网页浏览轨迹，能够挖掘用户爱好与网页浏览之间的相关性，为用户提供更加准确的推送服务。基于手机或汽车定位轨迹，可以挖掘用户轨迹与位置之间的相关性，开展旅游推荐和其他个性化推荐等服务。此外，很多学者关注人类活动轨迹是否可预测，个体轨迹表面上具有一定的随机性，但研究发现人类轨迹在时空中具有规律性，个体会以显著概率往返经常到访的地点。利用轨迹挖掘对移动对象未来的位置和移动趋势进行预测，能够发现描述移动对象行为中有价值的知识模式，有效拓展基于位置服务的应用范围。例如，利用出租车历史数据在给定时间、天气及前一个落客点类型，预测下一个上客点。结合个人轨迹、群体活动轨迹及空车到达时间的间隔分布，预测乘客在某地的候车时间。轨迹可预测性的发现极大地推动了人类对于轨迹数据用户的兴趣点、活动模式及未来即将到访地点的研究，对于社交网络服务、推送服务、智慧城市建设等方面具有十分重要的应用和学术价值。

4．故障诊断

随着先进科学技术在机械装备上的应用，机械制造的技术水平不断提升，机械设备的结构越来越复杂，对设备和产品的质量要求也不断提高。机械设备故障诊断作为一种促进机械设备安全高质量运行的技术，也是智能制造背景下推动"质"与"智"融合的重要手段。然而，随着机械向大型化、复杂化方向发展，机械中涉及的各种元器件越来越多，工作机理越来越复杂。各种元器件都可能发生不同程度、类型的故障，这些故障影响了正常生产生活秩序，严重情况下可能导致重大事故，造成生命和财产损失。在机械运行状态下，利用相关检测设备采集表征机械运行状态（如振动幅值、振动频率、噪声、能量、温度、摩擦等）的轨迹数据，对这些数据进行处理和分析，并通过分析结果来判断机械的运行情况，保证机械工作质量水平，保障机械安全高效运转。例如，使用改进的密度峰值聚类算法对航空发动机转子进行故障诊断，将马氏距离引入距离测定，实现聚类中心点自动获取，减少故障检测中人为因素的干扰。为了应对机械故障中多种故障耦合，无法判定故障类别的问题，研究者利用模糊聚类建立样本对于类别的不确定性描述，更能客观反映现实世界，被广泛应用于机械故障诊断。先通过主成分分析（Principal Component Analysis，PCA）、LSTM、AE 等对旋转机械的轴心轨迹数据进行特征提取，然后利用神经网络、深度学习、聚类分析、支持向量机等方法对当前工作状态做出判断并给出相应的处理，最终促进旋转机械安全有效运行。

5．自然气象分析

自然界存在许多不同的气象现象，如风、云、雨、雪、霜、露、虹、晕、闪电、打雷等，它们的形成与地球的自转、公转、地形地貌、水蒸气等因素有着密切的联系。自然气象分析是一门研究自然大气现象及其变化规律的科学，不仅可以帮助人们了解天气及气候变化，还对人类社会的农业生产、海陆空交通系统、生态系统等方面有重要的影响。沙尘暴、洋流、飓风、台风等都是自然界中常见的自然灾害，其发生通常会给人类的生命和财产带来巨大损失，需要及时做好自然灾害预警。通过采集沙尘暴、飓风、洋流等移动数据，可以获得速度、强度、位置等随时间变化的轨迹数据，借助轨迹数据的模式分析、异常检测及预测等技术能够获得沙尘暴、飓风、洋流等轨迹随时间变化的规律，从而帮助人们对灾害位置、强度等进行预测并及时预警。天体光谱数据分析是发现并测量天体位置、探索天体运动规律、研究天体物理性质、化学组成、内部结构、能量来源及其演化规律等的有效方法。通过海量的天体光谱，可以获得天体随时间运转的轨迹数据，然后借助聚类、分类、异常检测等方法对天体光谱轨迹数据进行分析，能够发现光谱中蕴含的时序规律及未知的特殊天体，从而为完善恒星演化理论提供有力证据。

6．动物习性分析

动物习性分析是轨迹数据挖掘的一个重要应用。通过对采集到的动物生活轨迹进行分析，可以帮助人类发现和理解许多问题。例如，通过对鸟类轨迹进行行为模式分析，可以帮助鸟类学家了解鸟类群体之间如何相互作用，个体在不同时间维度的觅食策略、迁徙和运动路线。通过异常检测技术可以发现动物的习惯或移动倾向可能存在不符合群体常规运动模式的事件，极大地激发生物学家的研究兴趣，推动动物保护进程。此外，对动物本身的研究和保护，也可以促进对生态环境的研究和保护。例如，专家对生物种群在不同时期的分布偏好研究有助于更好地了解动物对生存环境的适应性，以便更加合理、有效地对不同生物种群采取相应的保护措施。

1.2.3　轨迹数据挖掘的挑战与发展趋势

计算机科学、数据挖掘、人工智能、机器学习、地理信息科学等诸多领域及其海量轨迹数据为有效开展轨迹数据分析与挖掘提供了技术和数据支撑，相关研究也取得了诸多阶段性的成果，社会和学术影响力也在不断提升。然而，轨迹数据挖掘在面临发展机遇的同时也需要克服诸多困难。

1．轨迹数据质量

数据质量差是轨迹数据的显著特征，如果无法针对该特征提出有效解决方案，则将极大影响轨迹数据分析和挖掘任务的完成效果。轨迹数据质量差主要体现在三方面：①数据采集设备的定位精度受设备性能影响大，且不同信号之间存在的相互干扰也较大；②采样时间和空间上的分布不均，轨迹中的数据过于稀疏，冗余信息过多；③语义信息和标签数据缺乏，深入理解移动对象行为模式的难度大。因此，一方面需要提高数据质量，为后续任务提供可靠数据；另一方面需要研究如何克服数据质量的缺陷，构建稳健性强的方法和模型。

2．决策特征提取与多维特征关联

轨迹数据领域在进入"大数据"时代的同时，海量数据及其多维特征也使得传统的数据分析和处理手段相形见绌。一方面数据质量及数据的价值密度问题加大了特征提取难度，另一方面不同任务和环境中的决策属性可能不一致，如何分析并提取决策属性使其能够适应环境变化，难度较大。此外，不同领域内轨迹的多维特征存在较大差异。例如，在行为模式分析中，从时间维度上来说，白天和夜晚的居民轨迹差异较大；从空间维度上来说，住宅区、商场的轨迹差异较大；从类型上来说，行人轨迹和车辆轨迹差异大，老年人行为轨迹与青壮年行为轨迹差异大。因此，在关注决策属性的同时，需要综合考虑多种维度信息的关联性，从而为下游任务输出更可靠的特征。

3．参数控制和人为干预

准确把握分析与挖掘需求是获得高质量、可靠的数据分析与挖掘结果的重要保障。在保证分析与挖掘准确性和效率的前提下，尽可能减少人为因素的干预，是轨迹大数据时代中的重要需求。某些人为因素的参与能够在一定程度上推动算法的进程，但是靠人为因素推动算法进程严格来说并不科学，会使得整个分析过程中的不稳定因素增加，最终结果的可靠性也得不到保障。尤其是在大数据背景下，过多依赖人为因素并不现实。参数依赖是现有算法中普遍出现的一种人为因素，如轨迹分段中分段的段数或长度、聚类过程中类簇数目、异常检测过程中异常得分的阈值、深度学习或机器学习中模型训练的学习率和迭代次数等，这些参数借助先验知识指导分析和挖掘过程，起到了一定的积极作用。但是，一方面参数值难以确定，其收敛性可能随着数据集变化；另一方面，参数的引入也会使得最终结果的可理解性和可解释性变差。因此，如何在保持效率和准确性的前提下，将参数影响降低到最小或尽可能少地引入参数也需要进一步探讨。

4．轨迹数据的存储、管理和检索

海量数据的存储、管理和检索面临成本大、性能低及可扩展性差的问题，对于已经产生并不断产生的轨迹数据，如何有效对其进行存储、管理和检索是一项难题。传统数据与计算分离的存储和管理方式无法适应轨迹数据的增长速度，以及难以适应其存储、管理及检索需求。随着分布式计算平台和计算能力的飞速发展，亚马逊、阿里、谷歌、微软、**IBM** 等国内外智能云服务商为时空数据存储、管理和检索提供了优质的服务平台，但是分布式存储中大量数据存储在云端，且计算设备、网络连接、数据中心等基础设施的正常运行依赖于网络，给数据的安全性、隐私性及可靠性都带来了更大风险。

5．大规模轨迹数据集标注

轨迹数据分析与挖掘的诸多方法都是数据驱动的，数据被认为是一切研究的基石。在轨迹数据标签缺失或者不足的情况下，研究者只能采用无监督的或者半监督的方法，也有研究试图通过人工标注或标签学习的方法对数据集进行标注。但是现实世界中轨迹数据的类型和产生机制是复杂多样的，人工标注和简单的标注规则并不能满足大数据背景下的轨迹数据标注需求，严重制约了轨迹数据分类、异常检测等领域的发展。因此，收集更大规模真实标签数据、学习更加有效的规则及开发泛化能力更高的模型来开展轨迹数据标注都是很有必要的。

6．轨迹数据语义分析

语义轨迹是轨迹数据的时空信息和语义信息的融合，语义轨迹分析与挖掘在个体与群体的意图、情感等更深层次上为轨迹数据的模式挖掘、聚类、分类及异常检测等任务提供语义支撑。然而现有语义轨迹分析与挖掘中缺少统一的语义轨迹模型，无法适应语义信息形式多样、尺度不一、关系复杂的分析需求。同时，语义属性和轨迹数据实际的多维属性差异大，融合难度也较大，语义属性和轨迹数据包含的时间、空间属性在量纲、形式上也不同，如何有效将二者进行融合来促进后续分析和挖掘工作的开展也是需要重点关注的问题。

7．隐私保护

借助轨迹数据分析与挖掘，人们发现了其中有价值的知识和模式，并应用于交通管理、服务推荐、行为分析、故障诊断等诸多领域，极大地方便了人们的生产和生活，但是海量轨迹数据的隐私泄露风险也在不断加大。研究者从不同角度开发了许多隐私保护方法，但是攻击模式的进化可能使现有的模式失效。现有的多数隐私保护研究认为，轨迹数据的隐私保护需求是一致的。随着相关研究的不断深入，研究者发现不同移动个体的需求是不一致的，同一个体在不同场景中隐私暴露的风险是不一致的，隐私保护的需求也是不一致的。因此，根据不同的隐私需求开展个性化隐私保护很有价值。此外，轨迹数据中不同时间段或不同位置的数据点的语义是不同的，隐私泄露风险等级也不一样。因此，有必要对轨迹数据中不同位置的轨迹进行区分，针对性地对语义敏感位置及泄露风险等级高的部分进行隐私保护，从而提升隐私保护的质量和效率。

第 2 章
基于影响空间的噪声检测方法

在大数据时代背景下，数据量呈现爆发式增长，使得数据分析和处理领域的相关技术和方法面临巨大的挑战。噪声是数据中普遍存在的干扰因素之一。其存在一方面增加了时空开销，另一方面降低了分析结果的可靠性。为了降低噪声对后续挖掘的影响，本章提出了一种基于影响空间的噪声检测（Noise Detection Based on Influence Space，NOIS）算法。首先，引入影响空间（Influence Space，IS）理论来分析数据点的分布特征；其次，结合 M 最近邻距离和影响空间，定义排序因子（Ranking Factor，RF），用于描述各数据点是噪声的可能性；再次，基于 RF 给出噪声的形式化定义；最后，利用人工和真实数据集对 NOIS 算法的有效性进行分析和讨论。

2.1 问题提出

数据分析技术是大数据时代背景下获取有价值信息的重要手段，其能够获取有价值信息的前提是所处理的数据是真实可靠的。但在实际应用中，所拿到的一手数据通常是不一致或不准确的"脏的数据"，或者包含了部分人为造成的错误数据，尤其是在大数据背景下，"脏数据"及"错误数据"出现的可能性大大增加了。这些数据不仅不能带来价值，反而会占据存储空间浪费资源。如果没有进行必要清洗就直接对"脏数据"进行分析，则从这些数据中得出的最终结论或规则必然是不准确、不可靠的。

噪声就是一种典型的符合上述特征的数据，人们对其描述为"噪声如此不同于数据集中的其他数据，以至于使人怀疑这些数据并非随机偏差，而是产生于完全不同的机制"。噪声的存在极大地降低了数据质量，影响了数据分析结果的可靠性。如何有效处理噪声成为各行各业、各种数据分析技术不得不面临的难题。为了解决噪声问题，本章提出了基于影响空间的噪声检测方法，该方法的主要研究动机如下。

（1）数据集中的噪声是影响数据分析结果的重要因素，对其进行分析和检测能够为后续深入的数据分析和处理提供更加可靠的数据。

（2）大数据时代背景下数据量急剧增加，数据中的噪声问题也更加凸显。海量数据为噪声检测提供了数据支撑的同时也给噪声分析和检测带来了挑战。

（3）影响空间已被应用于聚类中心选择、相似度测量等。然而现有的基于影响空间的噪声检测方法并没有对噪声特性给出系统的分析和讨论，仅仅关注噪声本身，忽视了正常数据在噪声识别中的积极作用，无法发现数据的分布特征，从而弱化了其对噪声和正常数据的区分能力。本章对正常数据和噪声在影响空间下的特征给出了系统的分析和讨论，并在衡量整体数据分布的基础上对噪声进行了识别，以提高噪声识别的准确性。

本章的主要研究工作可以概括为以下方面。

（1）引入影响空间的相关理论，系统分析和论证影响空间下普通数据和噪声的分布特征。

（2）根据分布特征定义排序因子（RF），评估各数据点是噪声点的可能性，并利用 RF 给出了噪声的形式化定义。

（3）设计并实现噪声检测算法 NOIS，并对算法的有效性进行实验验证。

2.2　影响空间

本节首先介绍影响空间的相关定义，并对其特性进行分析论证；然后基于影响空间的相关理论推导得到噪声的特性，并对噪声特性进行系统分析。

2.2.1　影响空间概述

影响空间是共享邻域的扩展理论，其通过周围点对点 p 的影响总和来分析点 p 周围的数据分布特征。噪声点是分布模式和正常点差异较大的点。因此，噪声点的分布特征和正常点的差异也很大。为了检测数据中的噪声，本章从数据本身的分布特征出发，通过引入影响空间的有关理论来系统分析数据集中各数据点的分布特征。

假设 D 为包含 n 个样本点的数据集，p、q、r、s、k 为 D 中的任意样本点，这些点之间的距离均采用欧氏距离进行度量。

定义 2-1　M 最近邻距离 M_{dist}（M Nearest Neighbor Distance）：对于任意

样本点 p，其 M 最近邻距离（记为 $M_{dist}(p)$）为距离 p 最近的点第 M 个无重复距离值。即：对于点 p 关于数据集 D 的距离序列 $\mathrm{dist}(p,q_1) < \mathrm{dist}(p,q_2) < \cdots < \mathrm{dist}(p,q_i) < \cdots < \mathrm{dist}(p,q_{n-1})$，$1 \leq i \leq n-I \leq n$，有 $M_{dist}(p) = \mathrm{dist}(p,q_M)$，$1 \leq M \leq n-I$ 且 $M \in \mathrm{N}^*$。

在上述定义中，$\mathrm{dist}(p,q_i)$ 为点 p 与 q_i 的欧氏距离，如果 p 和 D 中其余点的距离序列中有重复距离值，且重复距离值的数量为 I，则 $I>0$，$n-I<n$，否则 $I=0$，$n-I=n$。根据上述定义可以发现：$M_{dist}(p)$ 是一个与 M 密切相关的量。二者的关系如下：

性质 1 $\forall p \in D$，$M_{dist}(p) \propto M$，$M \in \mathrm{N}^*$。

证明：对于任意点 $p \in D$，计算 p 与 D 中其余点的欧氏距离，得到 p 关于数据集 D 的距离集合，去掉集合中的重复距离值。

将上述去重后的距离集合按升序排列，得到去重排序后的距离序列：$\mathrm{dist}(p,q_1) < \mathrm{dist}(p,q_2) < \cdots < \mathrm{dist}(p,q_i) < \cdots < \mathrm{dist}(p,q_{n-1})$，取上述序列中的第 M 个距离值，记为 $M_{dist}(p)$。

由于上述序列是严格按照距离值升序排列的，对于任意给定的两个 M 值 M_1 和 $M_2 (M_1, M_2 \in \mathrm{N}^*)$，如果 $M_1 < M_2$，则 $\mathrm{dist}(p,q_{M_1}) < \mathrm{dist}(p,q_{M_2})$。

又由于 $M_{dist}(p) = \mathrm{dist}(p,q_M)$，则 $M_{1dist}(p) < M_{2dist}(q)$。

即：$M_{dist}(p) \propto M$。

定义 2-2 M 最近邻居 NN_M（M Nearest Neighbor）：点 p 的 M 最近邻居记作 $\mathrm{NN}_M(p)$，由数据集 D 中与 p 的距离小于或等于 p 的 M 最近邻距离的点组成，即

$$\mathrm{NN}_M(p) = \{q_i | q_i \in D,\ \mathrm{dist}(p,q_i) \leq M_{dist}(p),\ 0 \leq i \leq n\} \quad (2.1)$$

上述定义与传统的 K 近邻类似。K 近邻以用户指定邻居数量 K 的值为基础，根据某种距离度量，计算点 p 与其余点的距离并找到离 p 最近的前 K 个邻居；而 M 最近邻居通过特定的距离值 M_{dist} 来考察点 p 的邻居，满足 M_{dist} 约束的点都将被视为 p 的邻居，更能反映数据分布的稀疏性（见图 2.1）。

以图 2.1（a）中圆的中心点 p 为例，假设 $K=6$ 时，p 的 K 近邻分别 p_1、p_2、p_3、p_4、p_5、p_6，其中 p_5 和 p_6 位于以 p 为中心点的同一个圆上，$\mathrm{dist}(p,p_5) = \mathrm{dist}(p,p_6)$。同理，当 M 也为 6 时 [见图 2.1（b）]，由于 $\mathrm{dist}(p,p_5) = \mathrm{dist}(p,p_6)$，则 p 的 M 最近邻居为 p_1、p_2、p_3、p_4、p_5、p_6、p_7。由上述分析可得，点 p 的 M 最近邻居具有以下性质。

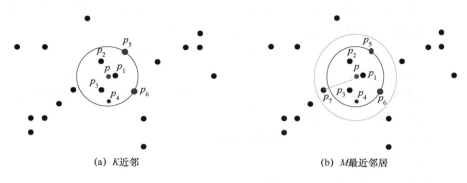

(a) K 近邻　　　　　　　　　(b) M 最近邻居

图 2.1　K 近邻与 M 最近邻居

性质 2　$\forall p \in D$，$|\mathrm{NN}_M(p)|$ 为点 p 的 M 最近邻居的数量，则 $|\mathrm{NN}_M(p)| \geqslant M$，$M \in \mathbf{N}^*$。

证明：对于任意点 $p \in D$，计算点 p 与 D 中其余点的欧氏距离，获得点 p 关于数据集 D 的距离序列。对于上述距离序列，这里讨论以下两种情况。

（1）无重复距离值，以 p 为圆心、$M_{\mathrm{dist}}(p)$ 为半径的圆内有且仅有 M 个点，即 $|\mathrm{NN}_M(p)| = M$，$M \in \mathbf{N}^*$。

（2）有重复距离值，存在点 p_i，$p_j \in D$，使得 $\mathrm{dist}(p,q_i) = \mathrm{dist}(p,q_j) < M_{\mathrm{dist}}(p)$。而在计算 $M_{\mathrm{dist}}(p)$ 时，上述重复距离值仅保留一个，此时，以 p 为圆心、$M_{\mathrm{dist}}(p)$ 为半径的圆内的点数必大于 M，即 $|\mathrm{NN}_M(p)| > M$，$M \in \mathbf{N}^*$。

综上所述：$|\mathrm{NN}_M(p)| \geqslant M$，$M \in \mathbf{N}^*$。

定义 2-3　逆 M 最近邻居 RNN_M（Reverse M Nearest Neighbors）：点 p 的逆 M 最近邻居记作 $\mathrm{RNN}_M(p)$，为 M 最近邻居（$\mathrm{NN}_M(p)$）的逆，即

$$\mathrm{RNN}_M(p) = \{q | q \in D, p \in \mathrm{NN}_M(q)\} \tag{2.2}$$

如果点 p 出现在大多数点的 NN_M 中，则 p 的 RNN_M 中包含的元素可能多，位于簇中心的可能性大。

根据上述分析可以得到性质 3。

性质 3　$\forall p \in D$，$|\mathrm{RNN}_M(p)|$ 为点 p 的逆 M 最近邻居的数量。假设 p_{center} 为点 p 靠近簇中心的概率，则 $|\mathrm{RNN}_M(p)| \propto p_{\mathrm{center}}$。

证明：$\forall p \in D$，如果点 p 越靠近某个簇中心，即 p_{center} 越大，则点 p 会出现在更多点的 NN_M 中。

根据定义 2-3，有：$\mathrm{RNN}_M(p)$ 中包含的点更多，$|\mathrm{RNN}_M(p)|$ 更大。即

$$|\mathrm{RNN}_M(p)| \propto p_{\mathrm{center}}$$

结合点的 NN_M 和 RNN_M 定义，可以得到影响空间。具体定义如下。

定义 2-4 影响空间 IS（Influence Space）：点 p 在参数 M 下的影响空间记作 $\text{IS}_M(p)$，为 $\text{NN}_M(p)$ 和 $\text{RNN}_M(p)$ 的交集，即

$$\text{IS}_M(p) = \{s \mid s \in D, s = \text{NN}_M(p) \bigcap \text{RNN}_M(p)\} \tag{2.3}$$

$\text{IS}_M(p)$ 具有如下性质。

性质 4 $\forall p \in D, |\text{IS}_M(p)|$ 为点 p 的影响空间中的元素数量。假设 Bou_D 为数据集 D 的边界，则当 $|\text{IS}_M(p)|$ 足够小时，$p \rightsquigarrow \text{Bou}_D$。

证明：下面分两种情况讨论 $|\text{IS}_M(p)|$ 很小的情形。

（1）$|\text{IS}_M(p)| = 0$。

根据式（2.3）和性质 2 可得

$$\text{IS}_M(p) = \text{NN}_M(p) \bigcap \text{RNN}_M(p) = \{p_1, \cdots, p_j, \cdots, p_J\} \bigcap \text{RNN}_M(p), J \geqslant M$$

由于 $|\text{IS}_M(p)| = 0$，对于 $\forall p_j \in \{p_1, \cdots, p_j, \cdots, p_J\}$，有

$$p_j \notin \text{RNN}_M(p) \text{且} p_j \in \text{NN}_M(p)$$

在上述情况下，点 p 必靠近簇边界，即：$p \rightsquigarrow \text{Bou}_D$。

（2）$|\text{IS}_M(p)| \to 0$。

$$\text{IS}_M(p) = \text{NN}_M(p) \bigcap \text{RNN}_M(p) = \{p_1, \cdots, p_j, \cdots, p_J\} \bigcap \text{RNN}_M(p), J \geqslant M$$

由于 $|\text{IS}_M(p)| \to 0$，存在集合 A，$A \subsetneqq \{p_1, \cdots, p_j, \cdots, p_J\}$ 且 $|A| \to 0$，使得 $p_j \in A$ 且 $p_j \in \text{RNN}_M(p)$，而 $p_j \in \text{NN}_M(p)$，则此时点 p 必靠近簇边界，即：$p \rightsquigarrow \text{Bou}_D$。

综上所述，当 $|\text{IS}_M(p)|$ 足够小时，$p \rightsquigarrow \text{Bou}_D$ 成立。

以表 2.1 中的样本点为例，分析 IS 的相关定义。表 2.1 中的样本点分布如图 2.2（a）所示。假设 $M=5$，由表 2.2 可得，$\text{dist}(p, p_2) = \text{dist}(p, p_5) = 0.7071$，$\text{dist}(q, q_2) = \text{dist}(q, q_4) = \text{dist}(q, q_5) = 0.5000$，则在图 2.2（a）中，左、中、右三个圆内包含的点分别为 p、r、q 的 NN_M。表 2.2 给出了点 p、r、q 的 M_{dist}、NN_M、RNN_M 和 IS_M。

表 2.1 样本点的坐标

样本点	坐 标	样本点	坐 标	样本点	坐 标	样本点	坐 标
p	(0.50, 0.50)	p_4	(0.20, 0.20)	q_1	(1.50, 0.50)	q_5	(2.00, 0.50)
p_1	(0.30, −0.13)	p_5	(0.00, 0.00)	q_2	(2.00, −0.50)	q_6	(1.20, −0.50)
p_2	(1.00, 1.00)	r	(1.30, 0.10)	q_3	(2.30, 1.00)	k	(−3.20, 2.80)
p_3	(0.00, 1.20)	q	(2.00, 0.00)	q_4	(1.60, 0.30)		

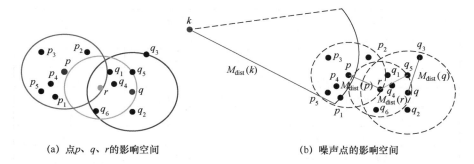

（a）点 p、q、r 的影响空间   （b）噪声点的影响空间

图 2.2 不同点的影响空间

表 2.2 点 p、r、q 的 M_{dist}、NN_M、RNN_M 和 IS_M

表 达 式	值	表 达 式	值
$M_{\text{dist}}(p)$	$\text{dist}(p,r)$	$\text{NN}_M(p)$	p_1,p_2,p_3,p_4,p_5,r
$M_{\text{dist}}(q)$	$\text{dist}(q,q_3)$	$\text{NN}_M(q)$	$q_1,q_2,q_3,q_4,q_5,q_6,r$
$M_{\text{dist}}(r)$	$\text{dist}(r,q_5)$	$\text{NN}_M(r)$	q,q_1,q_4,q_5,q_6
$\text{RNN}_M(p)$	$\varnothing$	$\text{IS}_M(p)$	$\varnothing$
$\text{RNN}_M(q)$	r	$\text{IS}_M(q)$	r
$\text{RNN}_M(r)$	p,q	$\text{IS}_M(r)$	q
$\text{dist}(p,p_2)=\text{dist}(p,p_5)$，$\text{dist}(q,q_2)=\text{dist}(q,q_4)=\text{dist}(q,q_5)$			

由以上内容可知，数据集 D 中的点 p 具有以下特性：$M_{\text{dist}}(p) \propto M$；$|\text{NN}_M(p)| \geqslant M$；$|\text{RNN}_M(p)| \propto p_{\text{center}}$；当 $|\text{IS}_M(p)|$ 足够小时，$p \rightsquigarrow \text{Bou}_D$。对于数据集中的噪声点，上述特性还存在吗？下面将进行进一步的讨论。

2.2.2 噪声特性分析

为了探讨影响空间理论下噪声点的分布特征，本节以图 2.2（a）中的数据分布为基础给出带噪声点的数据分布［见图 2.2（b）］，其中点 k 为噪声点（k 点的坐标为 (−3.20, 2.80)）。根据相关定义，计算当 M=5 时上述所有点的影响空间（见表 2.3），并统计各点 IS 中包含的元素数量（见表 2.4）。

表 2.3 当 M=5 时样本点的 M_{dist}、NN_M、RNN_M 和 IS_M

样本点	M_{dist}	NN_M	RNN_M	IS_M
p	$\text{dist}(p,r)$	p_1,p_2,p_3,p_4,p_5,r	p_1,p_2,p_3,p_4,p_5,k	p_1,p_2,p_3,p_4,p_5
p_1	$\text{dist}(p_1,r)$	p_4,p_5,p,p_6,r	p,p_3,p_4,p_5,p_6,k	p_4,p_5,p,p_6
p_2	$\text{dist}(p_2,q_5)$	q_1,p,q_4,r,q_5	p,p_3,p_4,q_1,q_3	q_1,p

（续表）

样本点	M_{dist}	NN_M	RNN_M	IS_M
p_3	dist (p_3, p_1)	p, p_2, p_4, p_5, p_1	p, p_4, p_5, k	p, p_4, p_5
p_4	dist (p_4, p_2)	p_5, p_1, p, p_3, r, p_2	p, p_1, p_3, p_5, k	p_5, p_1, p, p_3
p_5	dist (p_5, q_6)	p_4, p_1, p, p_3, r, q_6	p, p_1, p_3, p_4, k	p_4, p_1, p, p_3
q	dist (q, q_3)	$q_1, q_2, q_3, q_4, q_5, q_6, r$	$q_1, q_2, q_3, q_4, q_5, q_6, r$	$q_1, q_2, q_3, q_4, q_5, q_6, r$
q_1	dist (q_1, q)	q_4, r, q_5, p_2, q	p_2, q, q_3, q_4, q_5, r	q_4, r, q_5, p_2, q
q_2	dist (q_2, q_5)	q, q_4, q_6, r, q_5	q, q_6	q_6, q
q_3	dist (q_3, p_2)	q_5, q_1, q, q_4, p_2	q, q_5	q_5, q
q_4	dist (q_4, q_6)	q_1, r, q_5, q, q_6	$p_2, q, q_1, q_2, q_3, q_5, q_6, r$	q_1, r, q_5, q, q_6
q_5	dist (q_5, r)	q_1, q_4, q, q_3, r	$p_2, q, q_1, q_2, q_3, q_4$	q_1, q_4, q, q_3
q_6	dist (q_6, p_1)	r, q_2, q_4, q, p_1	p_5, q, q_2, q_4, r	q_2, q_4, r, q
r	dist (r, q_5)	q_4, q_1, q_6, q, q_5	$p, p_1, p_2, p_4, p_5, q, q_1,$ q_2, q_4, q_5, q_6	q_4, q_1, q_6, q, q_5
k	dist (k, p_1)	p_3, p_5, p_4, p, p_1	$\varnothing$	$\varnothing$

表 2.4　样本点的 M_{dist} 值及 NN_M、RNN_M 和 IS_M 元素数量（个）统计

样本点	M_{dist}	$\|NN_M\|$	$\|RNN_M\|$	$\|IS_M\|$	样本点	M_{dist}	$\|NN_M\|$	$\|RNN_M\|$	$\|IS_M\|$
p	0.8944	6	6	5	q_2	1.0000	5	2	2
p_1	1.0261	5	6	4	q_3	1.3000	5	2	2
p_2	1.4142	5	5	2	q_4	0.8944	5	8	5
p_3	1.3634	5	4	3	q_5	0.8062	5	6	4
p_4	1.1314	6	5	4	q_6	0.9220	5	5	4
p_5	1.3000	5	5	4	r	0.8062	5	11	5
q	1.0440	7	7	7	k	4.6755	5	0	0
q_1	0.7071	5	6	5					

　　从表 2.4 中可以看到：噪声点 k 的 M_{dist} 值明显大于其余点的 M_{dist} 值。由定义 2-1 及性质 1 可知，M_{dist} 是一个与 M 紧密相关的量，在不同的 M 下，各点的 M_{dist} 值会发生一定程度的变化。而表 2.4 中仅仅展示了 $M=5$ 时各点的 M_{dist} 值，为了进一步分析 M 对 M_{dist} 的影响，图 2.3 给出了在不同的 M 下各点的 M_{dist} 值变化曲线。在该变化曲线中，包括 k 点在内的所有点的 M_{dist} 值都随着 M 的增加而增大，这与性质 1 的结论是一致的。此外，点 k 的 M_{dist} 值远大于其余点的 M_{dist} 值。因此，噪声点除满足性质 1 外，其 M_{dist} 值大于所有正常点的 M_{dist} 值。为此，需要对性质 1 进行扩展以描述包括噪声点在内的所有点的 M_{dist} 所具有的特性，扩展后的性质 1 记为性质 1′。

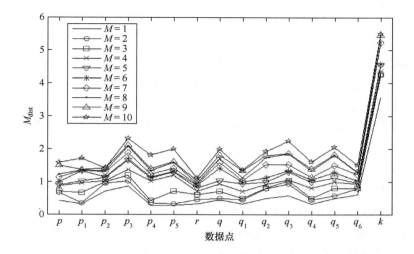

图 2.3　在不同的 M 下图 2.2（b）中各点的 M_{dist} 值变化曲线

性质 1′　$\forall p \in D,\ M_{\text{dist}}(p) \propto M,\ M \in \mathbb{N}^*$。假设 No 为数据集 D 中噪声点的集合，则对于 $\forall p' \in \text{No},\ p'' \in D - \text{No}$ ，有：$M_{\text{dist}}(p') > M_{\text{dist}}(p'')$ 。

证明：考虑到性质 1 已经对 $\forall p \in D,\ M_{\text{dist}}(p) \propto M,\ M \in N^*$ 给出了证明，这里仅讨论性质 1′的后半部分。

由于 $\forall p' \in \text{No},\ p'' \in D - \text{No}$ ，任意 p' 和 p'' 均满足以下条件：

$$\text{dist}(p', p'') > \text{dist}(p_i'', p_j'');\ p_i'', p_j'' \in D - \text{No}\ \text{且}\ 0 \leqslant i \neq j \leqslant |D - \text{No}|$$

又因为

$$M_{\text{dist}}(p') \in \left\{ \text{dist}(p', p'') \big| p' \in \text{No}, p'' \in D - \text{No} \right\}$$

$$M_{\text{dist}}(p'') \in \left\{ \text{dist}(p_i'', p_j'') \big| p_i'',\ p_j'' \in D - \text{No}\ \text{且}\ 0 \leqslant i \neq j \leqslant |D - \text{No}| \right\}$$

所以 $M_{\text{dist}}(p') > M_{\text{dist}}(p'')$ 成立。

结合表 2.3 和表 2.4 可知，D 中所有点的 NN_M 中元素数量是不同的，且 NN_M 中元素数量总是大于或等于 M。上述现象表明：噪声点也满足性质 2。然而，NN_M 与 M_{dist} 密切相关，仅考虑 NN_M 中的元素数量可能无法得到有价值的信息。主要原因是，当某个点的 NN_M 中元素数量很多时，该点所在区域的密度不一定很大，需要结合 M_{dist} 来考虑。

RNN_M 是 NN_M 的逆，从表 2.3 中可以看出，每个点的 RNN_M 中元素数量是不同的。其中，点 r 的 RNN_M 中元素数量最多为 11 个，而样本点的数量为 15 个。结合图 2.2（b）可以发现，点 r 更接近中心点。点 p_2、q_2 和 q_3 的 RNN_M 中元素数量相对较少，这些点主要分布在边缘位置。此外，点 k 的 RNN_M 中元素数量最少，主要原因是，k 相对远离正常数据，不会出现在大多数点的

NN_M 中，说明噪声点也满足性质 3。

IS_M 是 NN_M 和 RNN_M 的交集。在表 2.3 中，点 p_2、p_3、q_2 和 q_3 的 IS 中元素相对较少，这些点相对远离中心点。此外，噪声点 k 的 IS 中元素数量最少，其离中心点最远。上述分布规律证明噪声点同样满足性质 4。

综合上述分析可以发现，噪声点还具有下面的性质。

性质 5 设 No 是数据集 D 中噪声点的集合，则对于 $\forall p' \in No$，$\forall p'' \in D - No$，有

$$|RNN_M(p')| < |RNN_M(p'')|, \ |IS_M(p')| < |IS_M(p'')|$$

证明：由于 $p' \in No$，$p'' \in D - No$，p' 远离大多数的 p''，p' 靠近中心点的概率明显小于 p'' 靠近中心点的概率，即 $p'_{center} < p''_{center}$。由于 $|RNN_M(p)| \propto p_{center}$，$p \in D$（性质 3），$|RNN_M(p')| < |RNN_M(p'')|$。

假设 $NN_M(p') = \{p_1, \cdots, p_j, \cdots, p_J\}$，$J > M$，$NN_M(p'') = \{p_1, \cdots, p_i, \cdots, p_I\}$，$I \geqslant M$，由于 $p' \in No$，对于大多数 $p_j \in NN_M(p')$，满足 $p' \notin NN_M(p_j)$，因此大多数 $p_j \notin RNN_M(p')$，根据定义 2-4 可得，大多数 $p_j \notin IS_M(p')$。

由于 $p'' \in D - No$，对于大多数 $p_i \in NN_M(p'')$，满足 $p'' \in NN_M(p_i)$，因此大多数 $p_i \in RNN_M(p'')$，根据定义 2-4 可得，大多数 $p_i \in IS_M(p'')$。

因此，$|IS_M(p')| < |IS_M(p'')|$。

综上所述，性质 5 成立。

基于上述分析可以得出：噪声点满足性质 1'、性质 2、性质 3、性质 4、性质 5。由于任意点的 NN_M 均满足 $|NN_M| > M$ 且 NN_M 与 M_{dist} 严格相关，单独考虑性质 2 很难反映数据分布的特征。因此，利用性质 1'、性质 3、性质 4、性质 5 可以总结出：数据点的 M_{dist} 值越大，该数据点是噪声点的可能性越大；此外，数据点的 RNN_M 及 IS_M 中的元素越少，该点是噪声点的可能性也越大；反之，数据点是噪声点的可能性就越小。基于上述发现，本章抽象出排序因子用于反映各数据点在 IS 下的分布特征，排序因子越大的点成为噪声点的可能性越大。排序因子的具体定义如下。

定义 2-5 排序因子 RF（Ranking Factor）：影响空间下数据点 p 的排序因子与其 M_{dist}，以及 RNN_M 和 IS_M 中的元素多少密切相关。一个点被认为是噪声点的可能性可用以下公式计算：

$$\begin{cases} RF(p) = e^{-(M_{dist}(p) - max(M_{dist}(p_i)))^2} + e^{-\varphi_p} \\ \varphi_p = \dfrac{|IS_M(p)| + |RNN_M(p)| - min(|IS_M(p_i)| + |RNN_M(p_i)|)}{max(|IS_M(p_i)| + |RNN_M(p_i)|) - min(|IS_M(p_i)| + |RNN_M(p_i)|)} \end{cases}, \ p_i \in D \quad (2.4)$$

在式（2.4）中，$M_{dist}(p)$ 是点 p 的 M 最近邻距离；$|IS_M(p)|$ 和 $|RNN_M(p)|$

分别是点 p 的影响空间和逆 M 最近邻居的元素数量；$\max(M_{\mathrm{dist}}(p_i))$ 是数据集 D 中各点的 M 最近邻距离的最大值；$\min\left(\left|\mathrm{IS}_M(p_i)\right|+\left|\mathrm{RNN}_M(p_i)\right|\right)$ 和 $\max\left(\left|\mathrm{IS}_M(p_i)\right|+\left|\mathrm{RNN}_M(p_i)\right|\right)$ 分别是 D 中所有点的影响空间与逆 M 最近邻居中的元素数量和的最小值与最大值；φ_p 是点 p 的 $\left|\mathrm{IS}_M(p_i)\right|$ 和 $\left|\mathrm{RNN}_M(p)\right|$ 之和的最大和最小归一化值，$\varphi_p \in [0,1]$，$\left|\mathrm{IS}_M(p)\right|+\left|\mathrm{RNN}_M(p)\right|$ 越小，相应的 φ_p 越小。

在式（2.4）中，对于给定的数据集 D 和参数 M，$\max(M_{\mathrm{dist}}(p_i))$ 是一个定值，则 $\mathrm{RF}(p)$ 可以看成关于 $M_{\mathrm{dist}}(p)$ 和 φ_p 的二元函数。该二元函数具有性质 6 和性质 7。

性质 6　$\mathrm{RF}(p)$ 与 $M_{\mathrm{dist}}(p)$ 成正比。

证明： 在式（2.4）中对 $\mathrm{RF}(p)$ 关于 $M_{\mathrm{dist}}(p)$ 求偏导：

$$\frac{\partial \mathrm{RF}(p)}{\partial M_{\mathrm{dist}}(p)} = \exp(-(M_{\mathrm{dist}}(p) - \max(M_{\mathrm{dist}}(p_i)))^2 \cdot (-2(M_{\mathrm{dist}}(p) - \max(M_{\mathrm{dist}}(p_i))))$$

对于任意 $M_{\mathrm{dist}}(p) - \max(M_{\mathrm{dist}}(p_i))$，满足

$$\exp(-(M_{\mathrm{dist}}(p) - \max(M_{\mathrm{dist}}(p_i))))^2 > 0$$

又因为 $M_{\mathrm{dist}}(p) < \max(M_{\mathrm{dist}}(p_i))$，则

$$M_{\mathrm{dist}}(p) - \max(M_{\mathrm{dist}}(p_i)) \leqslant 0, \quad -2(M_{\mathrm{dist}}(p) - \max(M_{\mathrm{dist}}(p_i))) \geqslant 0$$

综上所述：$\dfrac{\partial \mathrm{RF}(p)}{\partial M_{\mathrm{dist}}(p)} \geqslant 0$。

性质 7　$\mathrm{RF}(p)$ 与 φ_p 成反比。

证明： 在式（2.4）中对 $\mathrm{RF}(p)$ 关于 φ_p 求偏导：

$$\frac{\partial \mathrm{RF}(p)}{\partial \varphi_p} = \exp(-(\varphi_p)) \cdot (-1)$$

对于任意 φ_p，满足 $\exp(-(\varphi_p)) > 0$，因此 $\dfrac{\partial \mathrm{RF}(p)}{\partial \varphi_p} < 0$。

根据上述讨论可得：$\mathrm{RF}(p)$ 与 $M_{\mathrm{dist}}(p)$ 成正比，与 φ_p 成反比。此外，$\left|\mathrm{IS}_M(p)\right|+\left|\mathrm{RNN}_M(p)\right|$ 越小，相应的 φ_p 就越小。因此，$\mathrm{RF}(p)$ 也与 $\left|\mathrm{IS}_M(p)\right|+\left|\mathrm{RNN}_M(p)\right|$ 成反比。

在排序因子 RF 下，数据集 D 中的每个数据点都被映射一个唯一的 RF 值来反映该点在影响空间下被视为噪声的可能性，RF 值越大的点越可能被视为噪声。对于一个给定的数据集 D，为了确定其中的噪声需要一个噪声阈值，RF 值大于该噪声阈值的点可以被视为噪声。不同数据集上的噪声阈值可能不一样，为了确定该阈值，引入带偏度的箱线图（Adjusted Boxplot），并将满足以下条件的数据点判定为噪声。

定义 2-6　**噪声：** 在影响空间理论下，数据集 D 中满足以下条件的点可

以被视为噪声：

$$\begin{cases} \text{No} = \{p \mid p \in D, \ \text{RF}(p) \geqslant \text{NRF}_{|D|}\} \\ \text{NRF}_{|D|} = Q_3 + 1.5\,e^{3\text{mc}} \cdot \text{IQR} \end{cases} \quad (2.5)$$

No 是数据集 D 中的噪声集合，$\text{NRF}_{|D|}$ 是数据集 D 的噪声阈值；Q_3、IQR 和 mc 分别是数据集 D 中所有点对应的 RF 值的三分位数、四分位距和偏度。计算所有点的 RF 值的三分位数 Q_3、四分位距 IQR 和偏度 mc，并将 RF 值大于 $Q_3+1.5e^{3\text{mc}} \cdot \text{IQR}$ 的点确定为噪声。

本章的噪声确定方法与传统方法的不同之处在于，将数据集中的所有点都映射为一个特定的值，并用该值来评估各点是噪声的概率；借助该映射值给出噪声的形式化定义，以确定映射值在多大内时表示该数据为噪声。

2.3 噪声检测算法

2.3.1 算法描述

根据影响空间下噪声数据的分布特征和噪声的定义，本节设计并实现了基于影响空间的噪声检测算法——NOIS。

图 2.4 为噪声检测算法流程。首先，通过影响空间的相关理论计算各数据点的 M 最近邻距离 M_{dist}、M 最近邻居 NN_M、逆 M 最近邻居 RNN_M 及影响空间 IS_M（具体计算过程参见算法 2.1）；其次，在上述理论的基础上得到排序因子 RF（参见算法 2.2 中的第 1～11 行）；再次，利用影响空间中的排序因子 RF 给出噪声的定义（参见算法 2.2 中的第 12～13 行）；最后，在上述工作的基础上对数据集中的噪声进行检测（参见算法 2.2 中的第 14～18 行）。噪声消除后的数据集质量大大提高，为后续深入的数据处理和分析打下了坚实的基础。此外，上述噪声检测方法也可以为欺诈检测、故障诊断、设备运行监控等提供支撑。算法 2.1、算法 2.2 给出了 NOIS 算法的具体实现细节。

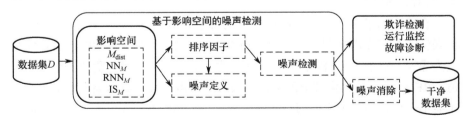

图 2.4　噪声检测算法流程

算法 2.1　影响空间的相关理论计算

输入：数据集 D；参数 M

输出：列表 M_{dist}、NN_M、RNN_M、IS_M

1 $n=|D|$;　//n 表示数据集 D 中样本点的数量

2 M_{dist}.list=Null; NN_M.list=Null; RNN_M.list=Null; IS.list=Null; //列表 List 初始化

3 for (i=1; i<n; i++)

4　　dist.list=Null;

5　　for (j=1; j<n; j++)

6　　　　dist.add(dis(p_i, p_j)); //计算 p_i 与 p_j 的距离

7　　end for

8　　(L, dist)←Sort(dist); //将距离值增序排列并将排序后点的下标保存在 L 中

9　　$M_{\text{dist}}(p_i)$←Find(dist, M); //获得点 p_i 的 M 最近邻距离 M_{dist} 值

10　　a←dist.indexOf("$M_{\text{dist}}(p_i)$"); //将 dist 列表中点 p_i 的 M_{dist} 值对应点的下标赋值给 a

11　　for (t=1; t<a; t++)

12　　　　NN_M←L.get(t); //将 L 中前 a 个索引对应的点作为 p_i 的 M 最近邻居

13　　end for

14　　M_{dist}.add($M_{\text{dist}}(p_i)$);

15 end for

16 for (i=1;i<n; i++)

17　　b=NN_M.get(i).size(); //计算每个点 M 最近邻居数量

18　　for (j=1; j<b; j++)

19　　　　RNN.get(NN_M.get(i).get(j)).add(i); //获得每个点的逆 M 最近邻居

20　　end for;

21　　IS.get(i).addAll(NN_M.get(i) $\bigcap$ RNN.get(i)); //获得每个点的影响空间

22 end for

算法 2.2　基于影响空间的噪声识别

输入：列表 M_{dist}、RNN_M、IS_M

输出：列表 RF

1 RF.list=Null; No=Null;

---

2 MaxMdist←Max(M_{dist}); // 获得所有点的最大 M_{dist} 值

3 S.List=Null;

4 for (i=1; i<n; i++)

5 　　S.add(RNN$_M$.get(i).size+IS$_M$.get(i).size); // 计算 IS$_M$ 和 RNN$_M$ 中元素个数的和

6 end for

7 r←Min(S);

8 s←Max(S);

9 for (i=1; i<n; i++)

10 　　$RF(p_i) \leftarrow \exp(-(M_{dist}(p_i) - \max Mdist)^2) + \exp(-((S.get(i) - r)/(s-r)))$; //计算
RF

11 end for

12 Sort(RF);

13 $NRF_{|D|} \leftarrow Q_3 + 1.5e^{3mc} * IQR$; // 计算噪声阈值

14 for (i=1; i<n;i++)

15 　　if ($RF(p_i) \geqslant NRF_{|D|}$)

16 　　　　No←p_i; // p_i 被视为噪声放进集合 No

17 　　end if

18 end for

2.3.2　算法分析

在算法 2.1 中，第 3～15 行获得各数据点的 M_{dist} 和 NN$_M$，其中第 6 行计算各点与其余点之间的距离，时间复杂度为 $O(n^2)$；获得当前点的 M_{dist} 需要对当前点与其他点的距离（dist）进行排序（参见算法 2.1 第 8 行），考虑到排序的稳定性和时间效率，本节采用归并排序算法（时间复杂为 $O(n\log_2 n)$），所有点对应的 dist 都需要进行排序，因此排序的总体时间复杂度为 $O(n^2\log_2 n)$。算法 2.1 的第 9 行和第 10 行获得当前点的 M_{dist} 在其 List 中对应的下标 a，由于上述操作在排序后的 dist 上进行，因此上述两行代码的时间复杂度可忽略不计。算法 2.1 的第 12 行获得当前点的 NN$_M$，由于列表 L 中存放了排序后的 dist 下标，通过访问 L 中的前 a 个元素就能获得 NN$_M$，时间复杂度为 O(na)。算法 2.1 的第 19 行获得所有数据点的 RNN$_M$，需要访问各数据点的 NN$_M$ 中的元素，假设各点的 M 最近邻居数量均值为 a，则其时间复杂度为 O(na)。算法 2.1 的第 21 行通过求各数据点的 NN$_M$ 和 RNN$_M$ 的交集获得数据点的影响空间，假设各点的逆 M 最近邻居数量均值为 r，则其时间复杂度为 O(nar)。

算法 2.2 在算法 2.1 的基础上实现了 NOIS 算法。算法 2.2 的第 2 行获得各点 M 最近邻距离的最大值，时间复杂度为 O($3n/2$)。算法 2.2 的第 4～6 行计算各点的 RNN_M 和 IS_M 中元素个数的和，然后获得上述和的最小值和最大值（参见算法 2.2 的第 7～8 行），时间复杂度为 O($2n+3n/2$)。在上述最大、最小值及 M 最近邻距离的最大值的基础上，算法 2.2 的第 9～11 行计算各点的排序因子。为了定义噪声，算法 2.2 的第 12～13 行计算噪声阈值，其中涉及排序问题，因此时间复杂度为 O($n\log_2 n+n$)。最后，通过比较各点的排序因子与噪声阈值来识别噪声（参见算法 2.2 的第 14～18 行），时间复杂度为 O(n)。经过上述处理后，噪声被去除，方便对干净的数据集或识别出的噪声进行进一步的数据分析。

综上所述，算法 2.1 的时间复杂度为 O($n^2+n^2\log_2 n+2na+nar$)，其中 n 为数据集 D 的总点数，a、r 分别为各数据点的 M 最近邻居数量、逆最近邻居数量的均值。算法 2.2 的时间复杂度为 O($7n+n\log_2 n$)。总体来说，NOIS 算法的时间复杂度为 O($n^2+n^2\log_2 n+n\log_2 n+2na+nar+7n$)。由此可见，NOIS 算法的时间复杂度主要集中在影响空间的相关计算中。更进一步说，其时间复杂度主要集中在计算数据点之间的距离上，时间开销为 O(n^2)。

2.4　实验评价

本节在人工数据集和真实数据集（UCI）上实验验证 NOIS 算法的性能。实验环境为：Intel(R)Xeon(R)E-2186M 处理器、2.9GHz 和 32GB RAM、Windows 10 操作系统，以 Java 为开发工具、MATLAB 为数据预处理和辅助作图工具。

2.4.1　数据描述

实验中用到的人工数据集和 UCI 数据集的具体信息如表 2.5 所示，表中前 4 个数据集为人工数据集（人工数据集的数据分布如图 2.5 所示），后 8 个数据集为 UCI 数据集，数据集后圆括号中给出了相应数据集的简称。在人工数据集的选择上，主要考虑数据集的形状因素；在真实数据集的选择上，主要考虑数据集的样本数、属性数及簇数 3 个因素。

表 2.5　人工数据集和 UCI 数据集

数　据　集	样本数/个	属性数/个	簇数/个	数　据　集	样本数/个	属性数/个	簇数/个
Ring(RI)	1000	2	2	Spiral(SP)	312	2	3
Parabolic(PC)	1000	2	2	Climate(CL)	540	18	2
FuzzyX(FX)	1000	2	2	Biodeg(BI)	1055	41	2
FourCluster(FC)	1600	2	4	Review-Ratings(RE)	5456	24	4
Iris(IR)	150	4	3	Frog-MFCC(FR)	7195	22	4
Haberman(HA)	306	3	2	Superconductivity(SU)	21263	81	9

  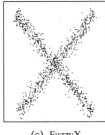 

(a) Ring　　　　　(b) Parabolic　　　　　(c) FuzzyX　　　　　(d) FourCluster

图 2.5　人工数据集的数据分布

　　为了考察 NOIS 算法的噪声检测性能，采用 MATLAB 中的 Normrnd 函数生成随机噪声添加到如表 2.5 所示的数据集中来获得噪声数据集。噪声的比例为各数据集数据对象个数的 1%、3%、5%、7%、9%；噪声的属性数与原数据集保持一致。表 2.6 是人工数据集和 UCI 数据集对应的噪声数据集，表中给出了不同噪声数据集中样本、属性、簇及噪声点的数量。

表 2.6　人工数据集和 UCI 数据集对应的噪声数据集

数据集	样本数/个	属性数/个	簇数/个	噪声点数/个	数据集	样本数/个	属性数/个	簇数/个	噪声点数/个
RI	1000	2	2	0	PC3	1030	2	2	30
RI1	1010	2	2	10	PC5	1050	2	2	50
RI3	1030	2	2	30	PC7	1070	2	2	70
RI5	1050	2	2	50	PC9	1090	2	2	90
RI7	1070	2	2	70	FX	1000	2	2	0
RI9	1090	2	2	90	FX1	1010	2	2	10
PC	1000	2	2	0	FX3	1030	2	2	30
PC1	1010	2	2	10	FX5	1050	2	2	50

（续表）

数据集	样本数/个	属性数/个	簇数/个	噪声点数/个	数据集	样本数/个	属性数/个	簇数/个	噪声点数/个
FX7	1070	2	2	70	CL3	556	18	2	16
FX9	1090	2	2	90	CL5	567	18	2	27
FC	1600	2	4	0	CL7	578	18	2	38
FC1	1616	2	4	16	CL9	589	18	2	49
FC3	1648	2	4	48	BI	1055	41	2	0
FC5	1680	2	4	80	BI1	1066	41	2	11
FC7	1712	2	4	112	BI3	1087	41	2	32
FC9	1744	2	4	144	BI5	1108	41	2	53
IR	150	4	3	0	BI7	1129	41	2	74
IR1	152	4	3	2	BI9	1150	41	2	95
IR3	155	4	3	5	RE	5456	24	4	0
IR5	158	4	3	8	RE1	5511	24	4	55
IR7	161	4	3	11	RE3	5620	24	4	164
IR9	164	4	3	14	RE5	5729	24	4	273
HA	306	3	2	0	RE7	5838	24	4	382
HA1	309	3	2	3	RE9	5947	24	4	491
HA3	315	3	2	9	FR	7195	22	4	0
HA5	321	3	2	15	FR1	7267	22	4	72
HA7	327	3	2	21	FR3	7411	22	4	216
HA9	334	3	2	28	FR5	7555	22	4	360
SP	312	2	3	0	FR7	7699	22	4	504
SP1	315	2	3	3	FR9	7843	22	4	608
SP3	321	2	3	9	SU7	21263	81	9	0
SP5	328	2	3	16	SU1	21476	81	9	213
SP7	334	2	3	22	SU3	21900	81	9	638
SP9	340	2	3	28	SU5	22326	81	9	1063
CL	540	18	2	0	SU7	22751	81	9	1488
CL1	545	18	2	5	SU9	23177	81	9	1914

2.4.2　参数选择

通过 2.2 节中的讨论可知，不同的参数 M 会导致各数据对象的 M_{dist}、NN_M、RNN_M 和 IS_M 不同，最终导致各数据对象得到的 RF 值不同，从而影响噪声识别的效果。因此，确定适当的 M 对提高噪声识别的准确性意义重大。

通过分析 M 对 M_{dist}、NN_M、RNN_M 和 IS_M 的影响，可确定合适的 M。以

数据集 Ring 及其噪声数据集 RI5 为例［RI5 的数据分布将在图 2.10（a）中给出，其中编号为 1001～1050 的点是 RI5 中的噪声］，计算在不同的 M 下，Ring 和 RI5 中各点的 M_{dist}、NN_M、RNN_M 和 IS_M，并绘制相应的变化曲线。

图 2.6（a）和图 2.6（b）以数据集 Ring 和 RI5 为例展示了不同 M 对 M_{dist} 的影响，其中虚线指示的部分为图像的局部放大图。从放大图中可以看出，各点的 M_{dist} 随着 M 的增加而增大，这一发现与性质 1 是一致的。在图 2.6（b）中，位于横坐标 1000 以后的点的 M_{dist} 值明显大于横坐标 1000 以前的点。主要原因是，图 2.6（b）中横坐标 1000 以后的点为 RI5 中的噪声点，而由性质 1 可以知道，噪声点的 M_{dist} 值是大于非噪声点的 M_{dist} 值的。

图 2.7（a）和图 2.7（b）总结了数据集 Ring 和 RI5 上 M 对 NN_M、RNN_M 和 IS_M 的影响。图中，左、中、右三栏分别给出了当 M 从 2 变化到 20 时数据集 Ring 和 RI5 上各点 NN_M、RNN_M 和 IS_M 中各元素数量的变化情况。NN_M、RNN_M 和 IS_M 中的元素数量随着 M 的增加也呈现出增加的趋势。在数据集 RI5 中，噪声点［图 2.7（b）中虚线后的点］的 NN_M、RNN_M 和 IS_M 中的元素数量明显少于其余点。对于 RNN_M 指标来说，当 M 在[6,8]上取值时，上述变化趋势较为明显，而在 IS_M 指标上当 $M>6$ 时较为明显。

图 2.8（a）和图 2.8（b）给出了在不同的 M 下数据集 Ring 和 RI5 上所有点的 RF 值的变化。在图 2.8（a）中，各点的 RF 值在[1.95,2]波动，这是符合 RF 取值区间[0,2]的约束的。当 M 逐渐变大时，RF 曲线似乎下移了。但仔细观察图 2.8（a）中的 RF 曲线可以发现，不同 M 下的 RF 曲线存在重叠或交叉情况，因此 RF 与 M 并没有呈现严格的反比关系。然而，在 RI5 的 RF 变化曲线中［见图 2.8（b）］，随着 M 从 2 变化到 20，各点的 RF 值从 0 变化到 2，且横坐标 1000 以前的点的 RF 值均为 1，而 1000 以后的噪声点的 RF 值远大于 1，上述各点的 RF 值的变化证实了性质 5。为了更清楚地观察噪声点的 RF 值，放大横坐标 1000 以后的噪声点的 RF 值［图 2.8（b）中虚线指示的子图］。在这个子图中，每个噪声点的 RF 值随 M 的变化而变化，当 M 太大或太小时，一些噪声点的 RF 值等于 1，即接近于正常点的 RF 值，导致无法从正常数据点中将其区分出来。当 M 在[6,10]变化时，大多数噪声点的 RF 值都大于正常点的 RF 值。因此，[6,10]是较为理想的 M 取值区间。

从上面的分析来看，当 M 在[6,10]取值时，可以区分出正常和异常的点。本节的最终目标是通过噪声提取获得干净的数据集 CD，使得 CD 上的数据分析和处理结果更可靠。由于在不同的 M 下，各点的 RF 值是不同的，CD 也会不同。为了进一步验证上述 M 取值范围的有效性，对不同 M 下表 2.5

中各数据集上获得的 CD 进行了 K-means 聚类，并计算各自的精度，图 2.9
为不同 M 下各 CD 上的聚类精度比较。

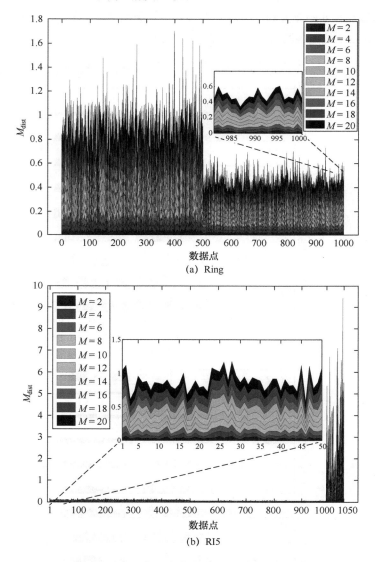

(a) Ring

(b) RI5

图 2.6　数据集 Ring 和 RI5 上 M 对 M_{dist} 的影响

图 2.9 中的前 4 个子图为不同 M 下人工数据集 Ring、FuzzyX、Parabolic、
FourCluster CD 上的聚类精度变化情况，其余子图为不同 M 下 8 个 UCI 数据集
CD 上的聚类精度变化情况。前 4 个子图的精度最高值集中在 M 取值为 6 和 7
时，这与上述通过 RF 变化分析所得的 M 理想取值范围是一致的。而在剩余的

UCI 数据集上，除数据集 Frog-MFCC、Review-Ratings、Superconductivity 以外的所有 UCI 数据集上的 M 最佳取值也是集中在区间[6,10]上的，出现上述现象可能与簇规模和数据分布的稀疏性有关。为提高噪声提取的精度，本节实验部分根据表 2.7 确定各实验数据集上的参数 M 取值。

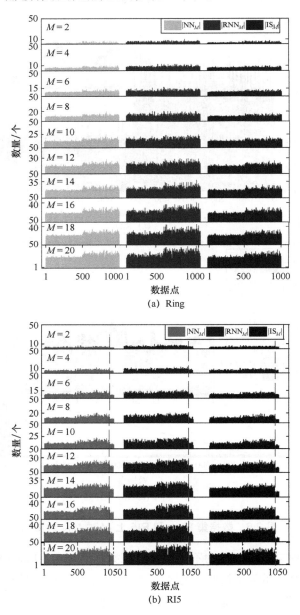

图 2.7　数据集 Ring 和 RI5 上 M 对 NN_M、RNN_M 和 IS_M 的影响

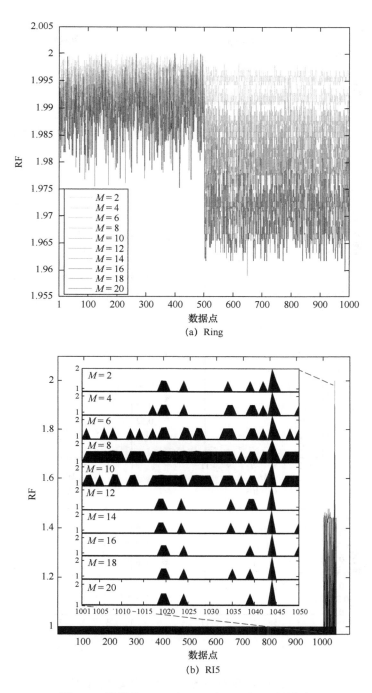

(a) Ring

(b) RI5

图 2.8　数据集 Ring 和 RI5 上 M 对 RF 的影响

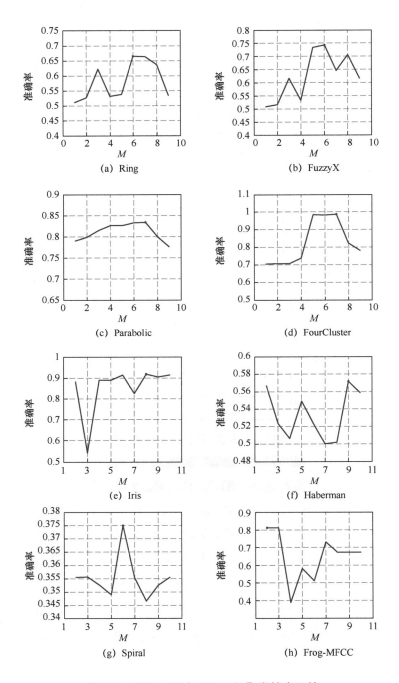

图 2.9　不同 M 下各 CD 上的聚类精度比较

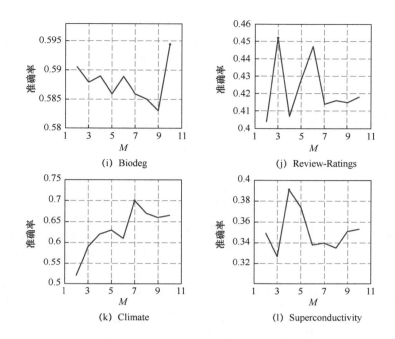

图 2.9　不同 M 下各 CD 上的聚类精度比较（续）

表 2.7　人工和 UCI 数据集上参数 M 取值

数　据　集	M	数　据　集	M	数　据　集	M
RI, RI1～RI9	7	FX, FX1～FX9	7	PC, PC1～PC9	7
FC, FC1～FC9	7	IR, IR1～IR9	8	HA, HA1～HA9	9
SP, SP1～SP9	6	CL, CL1～CL9	6	BI, BI1～BI9	10
RE, RE1～RE9	3	FR, FR1～FR9	2	SU, SU1～SU9	4

2.4.3　人工数据集上的结果分析

　　表 2.8 为人工数据集上的噪声检测结果，正检率（简称 NER）是 NOIS 算法正确检测出来的噪声点数占噪声总点数的比例，误检率（简称 DDR）是 NOIS 算法将正常样本点错误地识别为噪声点的数量占总数据量的比例。正检率和误检率的计算方法如式（2.6）所示。正检率越高，误检率越低，降噪效果越好。为了综合衡量上述正检率和误检率，引入了综合评价指标（简称 F-No），其计算方法如式（2.7）所示。综合评价指标在区间[0,1]上取值，当正检率越大、误检率越小、综合评价指标的值越高时，该数据集上的综合噪声检测效果越好。

$$\begin{cases} NER = \dfrac{No - RNo}{No} \times 100\% \\ DDR = \dfrac{N - RN}{N} \times 100\% \end{cases} \tag{2.6}$$

$$F\text{-}No = \dfrac{NER}{1 + DDR} \tag{2.7}$$

式中，No 为数据集中的噪声点数；RNo 为噪声检测后数据集中剩余的噪声点数；N 为数据集中正常的样本点数；RN 为噪声检测后数据集中剩余的正常样本点数。

表 2.8　人工数据集上的噪声检测结果

数据集	样本点数/个	噪声点数/个	剩余样本点数/个	剩余噪声点数/个	正检率	误检率	综合评价
RI	1000	0	1000	0	—	—	—
RI1	1000	10	1000	0	100%	0	1
RI3	1000	30	996	0	100%	0.40%	0.996
RI5	1000	50	995	4	92.00%	0.50%	0.915
RI7	1000	70	994	2	97.14%	0.60%	0.966
RI9	1000	90	990	7	92.22%	1.00%	0.913
FX	1000	0	1000	0	—	—	—
FX1	1000	10	998	0	100%	0.20%	0.998
FX3	1000	30	998	0	100%	0.20%	0.998
FX5	1000	50	997	3	94.00%	0.30%	0.937
FX7	1000	70	995	4	94.29%	0.50%	0.938
FX9	1000	90	993	4	95.56%	0.70%	0.949
PC	1000	0	1000	0	—	—	—
PC1	1000	10	994	0	100%	0.60%	0.994
PC3	1000	30	995	0	100%	0.50%	0.995
PC5	1000	50	996	3	94.00%	0.60%	0.934
PC7	1000	70	991	5	92.86%	0.90%	0.920
PC9	1000	90	990	3	96.67%	1.00%	0.957
FC	1600	0	1600	0	—	—	—
FC1	1600	16	1597	0	100%	0.19%	0.998
FC3	1600	48	1591	0	100%	0.56%	0.994
FC5	1600	80	1593	0	100%	0.43%	0.996
FC7	1600	112	1589	7	93.75%	0.68%	0.931
FC9	1600	144	1587	13	90.97%	0.81%	0.902

由表 2.8 可知，IS 下噪声的检测精度随着噪声数据量的增加产生不同程度的波动，其中数据集 RI1、RI3、FX1、FX3、PC1、PC3、FC1、FC3、FC5 上的噪声检测效果较好，正检率均为 100%。主要原因可能是，上述数据集上的噪声数据占比相对较小。总体上，噪声数据量越大，正检率越小，但正检率并不严格与噪声数据占比呈反比，如数据集 RI5 和 RI7 上噪声数据占比分别为 5% 和 7%，但 RI7 上的正检率反而高于 RI5 上的正检率。出现上述现象的原因可能是，噪声引入的实质是对原数据集增加扰动，对数据分析结果的影响可能是消极的也可能是积极的。

在表 2.8 中，几乎所有数据集上的噪声消除精度均达到了 90% 以上，虽然部分数据集上损失了小部分正常的数据点，但大部分数据集上的噪声误检率在 0.6% 以下，误检率的最高值为 1.00%。NOIS 算法的噪声检测综合水平也随着噪声数据占比的增加而变化。其中，数据集 RI1 上的综合检测效果最好，综合评价为 1；数据集 FC9 上的综合检测效果较差，综合评价为 0.902，这表明数据集 FC9 上漏检的噪声点和被错误识别的噪声点数量在所有数据集中最多。

为了进一步分析上述统计数据，图 2.10 以数据集 RI、FC 及其噪声数据为例给出了噪声消除前后数据的分布情况，其中星号为各数据集中的噪声数据，实心点为正常数据。图 2.10（a）为数据集 RI、RI1、RI3、RI5、RI7、RI9 上的数据分布，以及使用 NOIS 算法进行噪声处理后上述数据集上的数据分布。图 2.10（b）为数据集 FC、FC1、FC3、FC5、FC7、FC9 上的数据分布，以及使用 NOIS 算法处理后上述数据集的数据分布。

从图 2.10 中可以看出，随着噪声数量的增加，NOIS 算法的整体降噪效果呈减弱趋势；少数噪声仍然存在于数据集 RI3、RI4 和 RI5 中；数据集 FC1、FC3 和 FC5 中的噪声被完全消除。在少数情况下，噪声越大，降噪效果越好。上述现象主要归因于，添加噪声的实质是增加随机干扰，这对数据分布的影响是不确定的。此外，虽然部分正常数据在噪声消除中被误删了，但是并没有影响数据的整体分布特征。综合上述分析可得：NOIS 算法在人工数据集上的整体噪声消除效果较好，能够在极少量的数据损失下有效实现噪声检测。

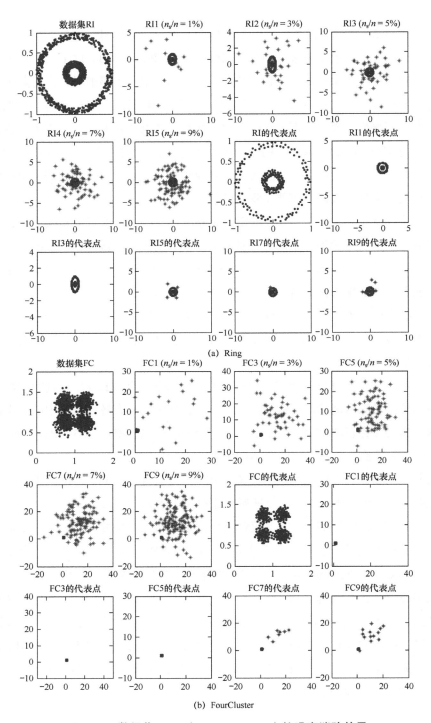

(a) Ring

(b) FourCluster

图 2.10　数据集 Ring 和 FourCluster 上的噪声消除效果

2.4.4　真实数据集上的结果分析

表 2.9 给出了 NOIS 算法在 UCI 数据集上的噪声检测结果，表中各项的具体含义与表 2.8 一样。在所有 40 个 UCI 数据集中，24 个数据集中包含的噪声被完全检测出来。其中，数据集 SU9 上的正检率最低，值为 82.3%。对于误检率指标来说，数据集 IR1、IR3、SP1 的误检率均为 0，说明上述 3 个数据集在进行噪声检测时不存在正常数据被错误识别成噪声的情况，噪声识别的准确性相对较高。这 3 个数据集上的综合评价指标得分也很高，值均为 1。与表 2.8 相同的是，极少部分数据在噪声检测时被错误识别成噪声，并没有对整体数据的分布产生较大影响。为了综合比较各数据集上的噪声检测效果，图 2.11 给出了在不同噪声数据集下正检率、误检率及综合评价指标的柱状图。

表 2.9　UCI 数据集上的噪声检测结果

数据集	样本点数/个	噪声点数/个	剩余样本点数/个	剩余噪声点数/个	正检率	误检率	综合评价
IR1	150	2	150	0	100%	0	1
IR3	150	5	150	0	100%	0	1
IR5	150	8	149	0	100%	0.7%	0.993
IR7	150	11	145	0	100%	3.3%	0.968
IR9	150	14	146	0	100%	2.7%	0.974
SP1	312	3	312	0	100%	0	1
SP3	312	9	311	0	100%	0.3%	0.997
SP5	312	16	305	0	100%	2.2%	0.978
SP7	312	22	304	0	100%	2.6%	0.975
SP9	312	28	301	0	100%	3.5%	0.966
BI1	1055	11	1054	0	100%	0.1%	0.999
BI3	1055	32	1050	0	100%	0.5%	0.995
BI5	1055	53	1051	0	100%	0.4%	0.996
BI7	1055	74	1047	0	100%	0.8%	0.992
BI9	1055	96	1042	7	92.7%	1.2%	0.916
FR1	7195	72	7163	0	100%	0.4%	0.996
FR3	7195	216	7142	10	95.4%	0.7%	0.947
FR5	7195	360	7135	25	97.2%	0.8%	0.964
FR7	7195	504	7107	61	87.9%	1.2%	0.869
FR9	7195	648	7099	83	87.2%	1.3%	0.861

数据集	样本 点数/个	噪声 点数/个	剩余样本 点数/个	剩余噪声 点数/个	正检率	误检率	综合评价
HA1	306	2	304	0	100%	0.7%	0.993
HA3	306	9	305	0	100%	0.3%	0.997
HA5	306	15	302	0	100%	1.3%	0.987
HA7	306	21	302	0	100%	1.3%	0.987
HA9	306	28	300	0	100%	2.0%	0.980
CL1	540	5	538	0	100%	0.4%	0.996
CL3	540	16	535	0	100%	0.9%	0.991
CL5	540	27	532	0	100%	1.5%	0.985
CL7	540	38	529	1	97.4%	2.0%	0.960
CL9	540	49	531	2	95.9%	1.7%	0.943
RE1	5456	55	5442	0	100%	0.3%	0.997
RE3	5456	165	5430	13	92.1%	0.5%	0.916
RE5	5456	273	5416	3	98.9%	0.7%	0.982
RE7	5456	382	5400	26	93.2%	1.0%	0.923
RE9	5456	591	5387	36	92.3%	1.3%	0.911
SU1	21263	213	21207	36	83.1%	0.3%	0.829
SU3	21263	638	21084	97	84.8%	0.8%	0.841
SU5	21263	1063	21022	186	82.5%	1.1%	0.816
SU7	21263	1488	20905	256	82.8%	1.7%	0.814
SU9	21263	1914	20781	328	82.3%	2.3%	0.804

　　如图 2.11 所示，正检率、误检率及综合评价指标均从 0 变化到 1，对于正检率和综合评价指标来说，值越接近于 1 说明噪声检测效果越好；而在误检率指标下，值越接近于 0 说明噪声检测效果越好。从图中可以看出，所有噪声数据集上正检率指标的最小值在 80.0%左右，综合评价指标的最小值在 0.80 左右，且综合评价指标的值始终略低于正检率指标。上述现象出现的主要原因是，综合评价指标考虑了各数据集的正检率和误检率，噪声检测的效果在原有正检率的基础上由于部分正常数据被错误地识别成噪声使得误检率上升，最终导致综合评价指标值下降。总体来说，数据集中的噪声数据占比越大，综合评价指标的值越小，但是也存在个别反例。例如，数据集 RE3 上的噪声数据占比明显少于数据集 RE4 和 RE5，而数据集 RE3 上的综合评价指标值明显高于 RE4 和 RE5。上述现象出现的主要原因与人工数据集上出现上述现象的原因一致。

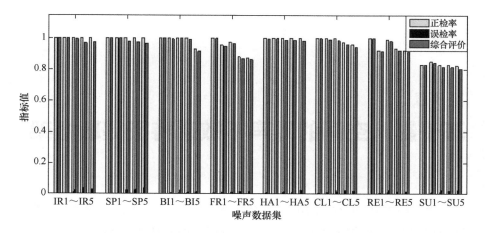

图 2.11　不同噪声数据集上的正检率、误检率及综合评价指标的比较

此外，在图 2.11 中，噪声数据集 IR1～IR5、SP1～SP5、HA1～HA5、CL1～CL5 上的噪声检测精度相对较高，相比之下，数据集 SU1～SU5 上的噪声检测效果在所有数据集中是最差的。结合表 2.5 发现，SU1～SU5 的维数为 81 维，在所有进行比较的实验数据集中维数最高，而本章影响空间下的噪声检测方法中的距离度量是以欧氏距离为基础的，当数据集维数较高时可能会影响距离度量的精度，最终导致高维数据集上的噪声检测精度下降。虽然 NOIS 算法在高维数据集 SU1～SU5 上的噪声检测效果相较于其他实验数据集可能损失较大，但高维数据集上的正检率及综合评价指标值均保持在 80% 以上。综上所述，NOIS 算法可以用来消除数据集中的噪声，其在人工数据集和 UCI 数据集上的噪声消除率达到了 80% 以上。

2.5　本章小结

本章提出了一种基于影响空间的噪声识别方法——NOIS 算法。该方法定义了排序因子，用于衡量数据点被作为噪声的可能性，并基于排序因子给出了新的噪声定义，来对噪声进行识别。NOIS 算法在人工和 UCI 数据集上的实验结果表明，该方法能在较小的原始数据信号损失下检测并删除噪声，噪声消除率达到了 80% 以上。然而，NOIS 算法的缺点是其在高维空间中的应用效果不够理想，这主要是由于受到了高维空间中欧氏距离度量精度的限制。因此，找到更有效的距离度量方式替换原始的欧氏距离，提高 NOIS 算法在高维空间中的噪声处理能力，将是后续研究的方向。

第3章

基于影响空间的噪声不敏感特征提取框架

为了解决数据集中的噪声和冗余问题，本章在上一章研究成果的基础上继续探究基于影响空间的噪声不敏感特征提取框架（A Noise Insensitive Feature Extraction Framework Under Influence Space，ARIS）。该框架主要包含两个阶段，第一阶段的主要任务是识别并消除噪声。首先，引入影响空间（Influence Space，IS），用于描述数据分布特征；其次，定义一个排序因子（Ranking Factor，RF），用于评估数据点被视为噪声的可能性；最后，基于IS 和 RF 给出噪声的新定义，并通过去除原始数据中的噪声获得干净的数据集（Clean Dataset，CD）。第二阶段的主要任务是通过 IS 将 CD 划分为多个微簇，然后通过获取各个微簇的中心得到各个微簇的代表，实现特征提取；通过上述过程使各微簇代表的类标签是其所在影响空间中所有数据对象的类标签。在实验验证环节，利用多个人工数据集和真实数据集（本章使用 UCI 数据集）对 ARIS 框架的有效性进行分析。

3.1 问题提出

特征提取能够在保持知识库分类或决策能力不变的基础上，通过选择和变换来获得能够代表原数据集的特征集合，使得后续数据分析和处理工作既快速又准确。典型的特征提取方法主要包括基于支持向量机的方法、基于主成分分析的方法、基于张量分解的方法、基于稀疏分解的方法、基于小波变换的方法、基于深度学习的方法、基于神经网络的方法等。在大多数情况下，数据的分布特征各异，且这些分布特征事先并不被了解。因此，特征提取方法的选择是个难题。同时，在大数据时代背景下，数据集中普遍存在的噪声极大地降低了特征提取的效率。然而，现有的特征提取算法对数据的要求比较高，当数据中存在噪声、数据分布不均匀或数据量较少等问题时，特征提取的效果不理想。

本章利用影响空间给出一种稳健性强的特征提取框架——ARIS，以解决上述问题。首先，在第 2 章研究成果的基础上，利用影响空间的理论检测并删除数据集中的噪声；然后，在噪声消除后的数据集上探究特征提取的有效策略。

提出基于影响空间的噪声不敏感特征提取框架（ARIS）的主要动机如下。

（1）海量数据给数据的存储、分析和检索带来了巨大的压力，特征提取是缓解上述压力的有效手段。在大数据环境下，数据噪声、冗余或无效现象更为严重，这为实现特征提取提供了可能性。

（2）噪声增加了数据分析和处理的难度，影响了智能决策的有效开展。检测并删除噪声，避免其参与后续的数据分析和处理过程，对于提高数据分析和智能决策结果的可靠性具有十分重要的意义。第 2 章的 NOIS 算法已经为本章的后续工作打下了基础。

（3）影响空间是从数据集中挖掘异常值或噪声的有效方法之一，如第 2 章中的噪声检测。本章在噪声检测的基础上继续实现数据特征提取，不仅有助于提高数据分析和智能决策结果的可靠性，还可以加快后续分析和处理的速度。

（4）不同的数据分析和处理方法可能有其特有的噪声检测和特征提取策略。这些策略可能只适用于部分数据集或只能满足特定领域的分析和处理需求。这不仅会造成资源浪费，而且在对不同方法的处理结果进行比较分析时引入了更多的可变因素。因此，本章提出一种在影响空间下的噪声不敏感特征提取框架，以适应在不同领域和数据集上的分析需求。

基于上述动机，本章将开展以下研究。

（1）引入影响空间，定义影响空间下的排序因子（RF）来评估数据点被视为噪声的可能性（第 2 章的主要工作）。

（2）基于影响空间和 RF 给出噪声的新定义，通过识别和删除数据集中包含的噪声来减少其对数据分析和智能决策结果的不利影响（第 2 章的主要工作）。

（3）基于影响空间，将数据集划分为多个微簇，并获得各微簇的代表。

（4）提出一种对噪声不敏感的特征提取框架——ARIS，以适应多种数据分析和处理任务的特征提取需求。

（5）通过在人工数据集和 UCI 数据集上的实验，验证 ARIS 的有效性。

3.2 数据特征提取

在第 2 章中，我们介绍了 IS 的相关定义，系统分析和论证了 IS 下噪声数据的分布特征，并利用分布特征定义了排序因子，给出了噪声的定义；然后根据噪声的定义对数据集中存在的噪声进行检测和删除，以获得干净数据集（CD）。本章将以 CD 为基础，研究 CD 上的特征提取策略。

3.2.1 特殊微簇

在 2.2 节中，式（2.4）给出了影响空间下排序因子的计算方法。根据该公式，先将数据集中的所有点映射到一个确定的概率空间中，并利用空间中的一系列值来评估某个点是噪声的可能性；然后根据噪声定义［见 2.2 节的式（2.5）］对噪声进行处理以获得 CD。可以发现：某点的 RF 值越大，该点的 M 最近邻距离（见定义 2-1）范围内数据点的集中程度越高；反之，则越低。可以推论，如果数据集中存在多个分组或簇，那么簇中心的 RF 值要大于其成员的 RF 值，且 RF 值较大的点相互远离。因此，如果能够从 RF 中分离出多个微簇，使得微簇内部的成员彼此相似而微簇之间的差异足够大，那么微簇中 RF 值最大的点必定是该微簇的中心。将微簇中心提取出来，代表其所在的微簇来进行后续的分析和处理工作，能够提升数据分析和处理的效率。

为了实现上述目标，首先将各点按其 RF 值降序排列，得到一个新的序列 V。在访问序列 V 之前，将包含在噪声点 IS 内的点的访问标志设置为 0（噪声点的检测方式见第 2 章，包含在噪声点 IS 内的成员与噪声点很相似，因此这些点在后续处理中不会被访问），其余点的访问标志设置为空（用 ϕ 来标记）。然后，依次访问序列 V 中的点（所有点）及其 IS 中的成员，并将已访问成员的访问标志修改为其所在的影响空间在 V 中的标号，直到 V 中的最后一个点被处理。序列 V 的访问过程如图 3.1 所示。

图 3.1（a）为图 2.2（见 2.2 节）样本点数据集对应 CD 的数据分布情况。将 3.1（a）中所有点的 RF 值降序排列，得到如图 3.1（b）所示的序列 $V=\{r, q_4, q_1, q_5, q, p_4, p_5, p_1, p, q_2, q_6, p_2, q_3\}$。图 3.1（b）中的数字用于表示访问顺序，将该序列中所有元素对应的访问标志置为 ϕ，即：$L\_V=\{\phi, \phi, \phi, \phi, \phi, \phi, \phi, \phi, \phi, \phi, \phi, \phi, \phi\}$。

　　第一次访问点 r 及其影响空间 IS(r) 中包含的所有成员（r 的标号为 1，最先被访问），这些点的访问标志被修改为 1。在图 3.1（c）中，箭头指向的点为 IS(r) 中的成员，表示这些点已经被访问，它们的访问标志被修改为 1，即：$L\_V(2)=L\_V(3)=L\_V(4)=L\_V(5)=L\_V(11)=1$。由于已经访问了 V 中标号为 2、3、4 和 5 的点，因此第二次访问的是标号 6 表示的点 p_4，如图 3.1（d）所示。同理，IS(p_4) 中的点被访问并被标记为 6，即 $L\_V(7)=L\_V(8)=L\_V(9)=L\_V(13)=6$。第三次访问 q_2 及其 IS(q_2)，如图 3.1（e）所示。按照上述原则，IS(q_2) 中的点［3.1（e）中虚线箭头指向的点］也将被访问并被标记为 10。依此类推，第四次访问 p_2 及其 IS(p_2)，如图 3.1（f）所示。IS(p_2) 中的点［图 3.1（f）中虚线箭头指向的点］被访问并被标记为 12。此时，V 中所有的点都已被访问，访问过程结束。

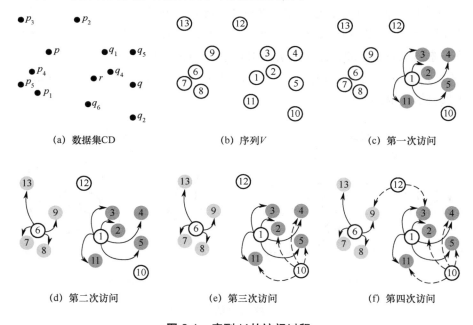

(a) 数据集CD　　　　　　(b) 序列 V　　　　　　(c) 第一次访问

(d) 第二次访问　　　　　(e) 第三次访问　　　　　(f) 第四次访问

图 3.1　序列 V 的访问过程

　　然而，在图 3.1（e）中，IS(q_2) 中的所有点（虚线箭头指向的点），均包含在 IS(r) 中；在图 3.1（f）中，IS(p_2) 中的点（虚线箭头指向的点）同时出现在 IS(r) 和 IS(p_4) 中。即：出现了对部分点的访问标志重复修改的情况。为了解决上述问题，需要对序列 V 的访问做出调整，以下是对序列 V 的访问进行调整的条件及相应的调整策略。

　　定义 3-1　序列 V 的访问调整：当序列 V 中数据点 p 的访问过程满足以

下条件（Condition）时，需要进行调整。

Condition1　如果点 p 的 IS(p) 中的所有点同时出现在点 q 的 IS(q) 中，则删除 IS(p) 中的所有元素，并将 p 放入 IS(q) 中，同时将 p 的访问标志修改为 q 在序列 V 中的标号。

Condition2　如果点 p 的 IS(p) 中的点分别出现在点 q 的 IS(q) 和点 r 的 IS(r) 中，则将 IS(p) 中的点放入与其最近的点所在的 IS 中。如果最近的点的访问标志非空，则将访问标志修改为最近的点所在的 IS 在序列 V 中对应的标号；如果最近的点的访问标志为空，则将访问标志修改为其最近的点在 V 中的标号。

为了进一步解释上述访问调整过程，这里以图 3.1（e）和图 3.1（f）为例进行说明，如图 3.2 所示。

在图 3.2（a）中，根据 Condition1，将数字 10 标记的点 q_2 加入数字 1 标记的点 r 的 IS(r) 中，q_2 也被标记且访问标志被修改为 1。如图 3.2（b）所示，根据 Condition2，将 p 和 q_1 从 IS(p_2) 中删除，由于离 p 和 q_1 最近的点分别为 p_4 和 q_4，而 p_4 的访问标志为空，则 p 的访问标志为 6，q_4 属于 IS(r)，则 q_1 的访问标志为 1。

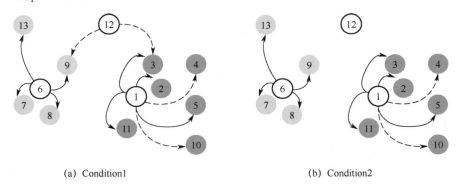

(a) Condition1　　　　　　　　　(b) Condition2

图 3.2　序列 V 的访问调整

经过上述调整，序列 $V=\{r, q_4, q_1, q_5, q, p_4, p_5, p_1, p, q_2, q_6, p_2, q_3\}$ 中所有点的访问标志被修改为 $L\_V=\{\phi, 1, 1, 1, 1, \phi, 6, 6, 6, 1, 1, \phi, 6\}$。根据上述访问标志，可以对图 3.1（a）中的数据分布进行划分从而获得特殊微簇。特殊微簇的定义如下。

定义 3-2　特殊微簇（Special Microclusters，SM）：CD 中的各特殊微簇以访问标志为空的点为中心，各微簇的成员由访问标志等于该中心在序列 V 中标号的点构成，且特殊微簇的数量等于 L_V 中空元素的数量，即

$$SM_m = \{V(i), V(j) \,|\, L\_V(i) = \phi \text{且} L\_V(j) = i,\ 1 \leqslant i, j \leqslant n_1\} \qquad （3.1）$$

其中，m 为数据集 CD 中特殊微簇的标号，以图 3.1（a）中的数据集为例，$L\_V = \{\phi, 1, 1, 1, 1, \phi, 6, 6, 6, 1, 1, \phi, 6\}$ 中取值为 ϕ 的元素共有 3 个，则 m 的取值范围为 $[1, 3]$；n_1 为数据集 CD 中的样本数；V 和 L_V 分别为数据集 CD 的访问序列和访问序列中各元素对应的访问标志集合。

以 $V = \{r, q_4, q_1, q_5, q, p_4, p_5, p_1, p, q_2, q_6, p_2, q_3\}$ 及其对应的 $L\_V = \{\phi, 1, 1, 1, 1, \phi, 6, 6, 6, 1, 1, \phi, 6\}$ 为例，特殊微簇 $SM = \{SM_1 = \{r, q_4, q_1, q_5, q_6, q, q_2\}$, $SM_2 = \{p_4, p_5, p_1, p, q_3\}$, $SM_3 = \{p_2\}\}$。借助上述特殊微簇的定义，在利用 RF 获得数据集的访问序列后，可以根据各数据点的访问标志将任意一个数据集划分为多个特殊微簇，使得特殊微簇内的成员相互靠近，而分属于不同特殊微簇的成员相对远离。由于同一个特殊微簇的数据对象彼此高度相似，因此，这些数据对象可以拥有相同的标签或属性。

3.2.2　微簇中心

本节根据特殊微簇中成员之间的相似性，利用特殊微簇中的某个或某些代表点来近似描述特殊微簇的分布特征，然后通过合并所有特殊微簇的代表点获得数据集的分布特征，从而实现数据集的特征提取。这些特征数据代替全体数据参与后续的数据分析与处理，结果由分属于同一个特殊微簇的成员所共享，极大地缩减了后续工作的时空开销。此外，由于特殊微簇是在噪声处理后的 CD 上产生的，可以降低噪声对数据分析和处理带来的不利影响。

在特殊微簇 $SM = \{SM_1 = \{r, q_4, q_1, q_5, q_6, q, q_2\}$, $SM_2 = \{p_4, p_5, p_1, p, q_3\}$, $SM_3 = \{p_2\}\}$ 中，SM_1 中 r 的排序因子（RF）最大且其访问标志为 ϕ，这表明数据点 r 的 M 最近邻距离范围内数据点的分布最集中，此时，r 可以作为 SM_1 的微簇中心。SM_2 中 p_4 的 RF 最大且其访问标志为 ϕ，同理 p_4 可以作为 SM_2 的微簇中心。SM_3 中仅有一个元素 p_2 且其访问标志为空，则 p_2 也可以作为其所在微簇的代表。根据上述思想，数据集 CD 先被划分为多个微簇，然后找到各微簇的中心，以这些微簇中心为数据集 CD 最终的代表数据来实现数据特征提取。因此，特征提取的结果由访问标志为空的各特殊微簇的中心构成，具体定义如下：

定义 3-3　微簇中心 MC（Microcluster Centers）：数据集 CD 上的特征提取结果由数据集 CD 中各特殊微簇的中心构成，在序列 V 的访问过程中，这些微簇中心的访问标志始终为空。即

$$MC = \{V(i)|L\_V(i) == \phi,\ 1 \leqslant i \leqslant n_1\} \qquad (3.2)$$

其中，V 为数据集 CD 对应的访问序列；$V(i)$ 为序列 V 中的第 i 个数据点；L_V 为访问结束后 V 中各数据点最终的访问标志集合；n_1 为数据集 CD 的样本数。

经过上述特殊微簇划分和特征提取操作，数据集 CD 被多个微簇中心所替代，这些微簇中心对应的 RF 值更大，能够近似代替其 M 最近邻距离范围内的数据分布特征。本章通过寻找这些微簇中心并将这些微簇中心提取出来作为数据集 CD 的分布特征来实现原始数据集上的特征提取，这些点可以作为后续分析和处理的对象以提高分析和处理的效率。

3.3　特征提取框架

3.3.1　算法描述

第 2 章给出了影响空间下的噪声检测算法——NOIS，本章在 NOIS 算法的基础上利用特殊微簇和微簇中心进行特征提取。为了将上述功能进行有效整合，本节设计并实现了影响空间理论下的噪声不敏感特征提取框架——ARIS。ARIS 框架承载了噪声检测和特征提取两个基本功能要素，下面将从两个基本功能要素着手，对 ARIS 框架进行简单分析。

如图 3.3 所示，基于影响空间的噪声不敏感特征提取框架包含两个基本模块：噪声检测和特征提取。噪声检测模块引入了影响空间理论，将各数据点划分到不同的影响空间中，通过分析论证影响空间下数据点的分布特征获得排序因子（RF），评估各数据点是噪声点的可能性；然后利用 RF 值给出噪声的新定义，并利用该定义对数据集中的噪声进行检测和提取，最终获得噪声消除后的干净数据集 CD。这一阶段获得的 RF 和 CD 将作为下一阶段工作的输入，来帮助完成特征提取，同时为特征提取提供可靠数据。噪声检测的具体设计与实现细节参见 2.3 节中的算法 2.1 和算法 2.2。

特征提取模块在 CD 的基础上进行特征提取。通过上一模块提供的 RF，获得序列 V 并将 CD 划分为多个 SM，然后检测并提取各微簇中心（MC）来作为该微簇的代表，从而完成对 CD 的特征提取。以 MC 为最终的数据对象，可以在其上开展分类、聚类等多种数据分析和处理任务，MC 各数据对象获得的数据标签或决策结果由各点所在的微簇成员所共享。特征提取的具体实现过程参见算法 3.1 和算法 3.2。

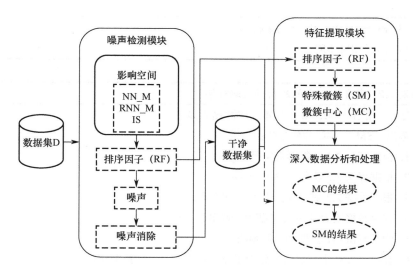

图 3.3 特征提取框架

算法 3.1 微簇和微簇中心计算

输入：干净数据集 CD；排序因子 RF

输出：特殊微簇集合 SM；微簇中心集合 MC

1: n_1=|CD|; //n_1 为干净数据集 CD 中样本点数量

2: $V \leftarrow$ Sort(CD(RF)); //将 CD 中所有点按 RF 值降序排序并将排序结果赋值给 V;

3: $L\_V \leftarrow \{\phi\}$; //将 V 中所有点的访问标志设置为 ϕ;

4: for all objects $X_i \in V$, $1 \leqslant i \leqslant H$ do

5:     if !Visited(X_i) then

6:         put X_i into SM_i;

7:         for all objects $p_j \in$ IS$_M(X_i)$, $1 \leqslant j \leqslant \Delta$ do

8:             if $L\_V(p_j)$== ϕ then

9:                 put p_j into SM_i;

10:                $L\_V(p_j) \leftarrow i$;

11:            end if

12:            if $L\_V(p_j)$!= ϕ then

13:                根据定义 3-1 调整 $L\_V(p_j)$;

14:            end if

15:        end for

16:    end if

17: end for

18: MC←$\{V(i)|L\_V(i)==\phi, i\in[1, n_1]\}$;

19: 返回 SM, MC

算法 3.2　基于影响空间的特征提取框架

输入：正整数 M；　n 个样本点的数据集 D

输出：SM 和 MC 的数据分析结果

1: 根据算法 2.1 获得影响空间 IS；

2: 根据算法 2.2 获得排序因子 RF；

3: 根据算法 2.2 识别数据集 D 中的噪声；

4: 去除数据集 D 中的噪声获得干净数据集；

5: 利用算法 3.1 获得 SM 和 MC；

6: 在集合 MC 上开展数据分析工作，获得 MC 下数据分析的结果；

7: 根据 MC 的分析结果获得 SM 中各点的分析结果；

8: 返回 SM 和 MC 的数据分析结果

3.3.2　算法分析

在 ARIS 框架中，首先利用影响空间理论获得各数据点的排序因子（RF），衡量各点被作为噪声点的可能性，并根据 RF 对噪声进行检测和删除，以获得原始数据集 D 对应的干净数据集 CD。以上述 RF 为基础，将 CD 划分为多个 SM，然后检测并提取各微簇的中心 MC 作为该微簇的代表，从而实现 CD 的特征提取。以 MC 为最终的数据对象来开展后续的数据分析和处理操作。因此，ARIS 框架的时间复杂度确定主要集中在以下三个方面：获得数据点的影响空间、识别噪声、获得微簇和微簇中心。获得数据点的影响空间（参见算法 2.1）和识别噪声（参见算法 2.2）的时间复杂度分析已经在 2.3 节中给出了。算法 3.1 和算法 3.2 的时间复杂度分别为 $O(n^2+n\log_2 n+2nt+ntlgr)$ 和 $O(7n+n\log_2 n)$，其中 n 为数据集 D 的总样本数，t、r 分别为各数据点的 M 最近邻居数量 $|NN_M|$ 及逆最近邻居数量 $|RNN_M|$ 的均值。本节主要分析获得微簇和微簇中心的时间复杂度。

假设数据集 D 中的样本数量为 n，数据集 CD 中的样本数量为 n_1（$n_1\leqslant n$），各点影响空间中元素数量的均值为 Δ，微簇中心的数量为 H，且 $H\Delta\approx n_1$。算法 3.1 的第 2 行，将 CD 中所有点按 RF 值降序排列，采用归并排序算法，时间复杂为 $O(n_1\log_2 n_1)$。算法 3.1 的第 4～17 行，访问序列 V 中点 X_i 的 IS_M 中的元素并修改 L_V 中对应的值。如果 $IS_M(X_i)$ 中的元素均未被访问（参见算法

3.1 的 8～11 行），则将点 p_j 放进微簇 SM_i 中，并将 i 赋值给 $L\_V(p_j)$，时间复杂度约为 $O(H\Delta)$。如果 $IS_M(X_i)$ 中的元素存在被标记的情况（参见算法 3.1 的 12～14 行），则需要对 L_V 中的标记值进行调整。如果满足定义 3-1 的 Condition1，即 $IS_M(X_i)$ 中元素的标记完全相同，则仅需要将 $IS_M(X_i)$ 中所有点删除并使 $L\_V(X_i)=L\_V(p_j)$，此时的时间复杂度为 $O(H\Delta)$。如果满足定义 3-1 的 Condition2，则 $IS_M(X_i)$ 中的元素标记不完全相同，此时需要考察同一影响空间中的最近点，由于各点影响空间中元素数量的均值为 Δ，时间复杂度为 $O(2H\Delta)$。算法 3.1 的第 18 行，提取微簇中心 MC，仅仅需要遍历一遍 L_V，时间复杂度为 $O(n_1)$。因此，算法 3.1 的总体时间复杂度为 $O(n_1\log_2 n_1+4H\Delta+n_1)\approx O(n_1\log_2 n_1+5n_1)$。

算法 3.2 简述了 ARIS 框架的执行过程，第 1 行获得 IS 的时间复杂度为 $O(n^2+n\log_2 n+2nt+ntlgr)$，第 2～4 行识别和消除噪声的时间复杂度为 $O(7n+n\log_2 n)$，第 5 行获得微簇和微簇中心的时间复杂度为 $O(n_1\log_2 n_1+5n_1)$，第 6～8 在特征数据 MC 上执行相应的数据分析和处理工作，由于 ARIS 框架在其他算法中应用的时间复杂度与具体工作机制有关，本节不进行重点进行分析，但各算法在 MC 上的运行时间远小于其在 D 上的运行时间。综上所述，算法 3.2ARIS 框架的总体时间复杂度约为 $O(n^2+2n\log_2 n+2nt+ntlgr+7n+n_1\log_2 n_1+5n_1)$。

3.4　实验评价

第 2 章的 2.4 节已经对影响空间下噪声检测的有效性进行了验证，本节在此基础上继续探讨 ARIS 框架的性能。本节采用对比验证的方式进行实验。首先，利用 ARIS 框架分别获得原始数据集及其噪声数据集的两组 MC，并在这些 MC 上进行聚类获得对应的聚类结果；其次，利用同样的聚类算法对上述原始数据集及其噪声数据集直接进行聚类，获得聚类结果；最后，对上述两组聚类结果进行对比分析。

3.4.1　数据描述

为了评估 ARIS 方案的有效性，本节实验选择一些具有不同维度、类别和数据量的人工数据集、UCI 数据集及高维数据集进行实验，表 3.1 为所有实验数据集的基本信息，为了书写方便，各实验数据集的名称缩写在其后的圆括号中给出。表 3.1 中的前两行为人工数据集，中间四行为 UCI 数据集，最后两行为高维数据集。

表 3.1　实验数据集

数据集	样本数/个	属性数/个	簇数/个	数据集	样本数/个	属性数/个	簇数/个
Ring(RI)	1000	2	2	FuzzyX(FX)	1000	2	2
Parabolic(PC)	1000	2	2	FourCluster(FC)	1600	4	4
Iris(IR)	150	4	3	Spiral(SP)	312	2	3
Haberman(HA)	306	3	2	Climate(CL)	540	18	2
Biodeg(BI)	1055	41	2	Frog-MFCC(FR)	7195	22	4
Review-Ratings(RE)	5456	24	4	Superconductivity(SU)	21263	81	9
Yale(YA)	165	1024	15	LungCancer(LC)	181	12533	2
MNIST(MN)	60000	784	10	Brain(BR)	42	5597	5

为了验证噪声对 ARIS 框架及其他算法的影响，这里采用与 2.4.1 节相同的方法获得了表 3.1 中各数据集对应的具有不同噪声比例的噪声数据集。

3.4.2　参数选择

与 2.4.2 节中涉及的参数一样，ARIS 框架中涉及的参数同样为最近邻数 M。在噪声识别与检测中，对 M 的设置情况已经给出了具体讨论，本节 M 的作用并没有发生变化，参数 M 并没有直接输入到算法 3.1 中，而是将噪声检测中获得的 RF 和 CD 作为本节噪声的输入，因此各原始数据集上 M 的取值并未发生变化。此外，在本节中由于各数据集的噪声比例相对较小，不会影响整体数据分布中的簇数，因此噪声数据集中 M 的设置与其原始数据集中 M 的设置保持一致。本节 M 的具体设置参见 2.4.2 节表 2.7。

3.4.3　比较算法

为了评估 ARIS 框架的有效性，首先使用 ARIS 框架获得原始数据集和噪声数据集的 MC，然后分别对这些 MC 及原始数据集、噪声数据集进行聚类分析。下面简要介绍本节用于聚类分析的几种典型的聚类算法。

（1）K-means 算法：最流行的聚类算法之一。该算法简单高效，但对噪声较为敏感，涉及的参数为簇数 k。在每次迭代中，将各点分配到与其最近的 k 个中心所代表的簇中，直到满足迭代终止条件。参数 k 是影响 K-means 算法性能的一个重要因素，为了获得最优的聚类结果，K-means 算法在各数据集上对应的 k 值参照表 3.1 中各数据集的簇数进行设置。

（2）DPC 算法：2014 年由 Alex Rodriguez 和 Alessandro Laio 提出的一

种密度峰值聚类算法。DPC 算法克服了大多数密度聚类算法中聚类密度差异大、邻域范围设置困难的问题。DPC 算法聚类简单直观，可以识别各种形状的簇，具有较强的稳健性。该算法需要截断距离 dc 作为控制参数，dc 的选择在某种意义上决定了聚类的成败。参考相关文献中给出的 dc 取值范围，本节实验中参数 dc 的取值为 0.02。

（3）DP_K-mediods（DPK）算法：密度峰值优化初始中心的聚类算法。它将样本 X_i 的局部密度 ρ_i 定义为 X_i 与其 t 个近邻之间距离和的倒数，并定义了样本 X_i 的新距离 δ_i，构造样本距离相对于样本密度的决策图。最近邻数量 t 是该算法涉及的重要参数。t 的取值会根据数据分布发生变化。在本节中，数据集 RI、RI1～RI9、FX、FX1～FX9、PC、PC1～PC9 上的 t 取值为 7；数据集 FC、FC1～FC9、IR、IR1～IR9、SP、SP1～SP9、CL、CL1～CL9 上的 t 取值为 8；其余数据集上的 t 取值为 6。

（4）WBMS 算法：用于高维数据集聚类分析的改进均值漂移算法。它通过学习特征权重和加权距离来获得有意义的维度。参数 h（带宽）和 λ（特征权重的调整系数）指导 WBMS 算法找到数据集中的簇。参考相关文献，将本节实验中的 h 和 λ 分别设置为 0.15 和 1。

（5）SMK 算法：用于高维数据聚类分析的 K-means 扩展算法。该算法通过一个新的加权簇间平方和来提高聚类精度。SMK 算法需要一个参数 α 来调整簇的权重，算法从一个较小的 α 开始，每次迭代后增加 α_{step}，直到达到最大值 α_{max}。在本章的研究中，α_{step} 和 α_{max} 被设置为 0.01 和 0.5。

（6）SPECTACL 算法：结合了谱聚类和 DBSCAN 算法的优点来提升高维数据集上的聚类效果。该算法可以处理带噪声的数据集并找到各种形状的簇。嵌入维数 d、邻域半径 ε 和近邻数 K 是算法中涉及的 3 个参数，参照相关文献中的参数设置，将上述 3 个参数分别赋值为 50、0.1、10。

3.4.4　MC 的代表性分析

ARIS 框架利用微簇中心 MC 来代表原始数据集，在保留数据分布特征的基础上尽可能地减少了数据集中包含的样本数。为了说明 MC 对原始数据集的代表性，这里以数据集 RI、FX、PC、FC 为例，利用 ARIS 框架获得了MC（见图 3.4），并对其有效性进行了讨论。

图 3.4 分别给出了数据集 RI、FX、PC、FC 的 MC（原始数据集的数据分布参见 2.4.1 节的图 2.5）。比较图 2.5 和图 3.4 可以看出，两个图中各子图的数据分布是完全一致的。特征提取后的数据集中各簇的轮廓清晰且各数据

集中的簇数量没有变化, 但是图 3.4 中各数据集的 MC 数据量明显小于图 2.5 中各数据集的 MC 数据量。

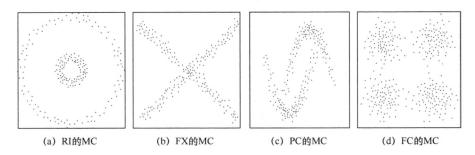

    (a) RI的MC   (b) FX的MC   (c) PC的MC   (d) FC的MC

图 3.4　各人工数据集对应的微簇中心（MC）

为了进一步证明上述 MC 的合理性和有效性, 本节利用 3.4.3 节中的前 3 个比较算法对上述 4 个原始数据集及其对应的 MC 进行了聚类分析, 并计算了相应的准确率(Accuracy, AC)、精度(Precision, PR)和召回率(Recall, RE), 如表 3.2 所示。

表 3.2　人工数据集上的聚类结果比较

数据集	指标	K-means	AR-K	DPC	AR-D	DPK	AR-DP
RI	准确率	0.5120	**0.6564**	0.6019	0.6199	0.5522	0.5758
	精度	0.5120	0.6725	**0.6838**	0.6571	0.6321	0.6615
	召回率	0.5120	0.6409	**0.7410**	0.6485	0.6912	0.7105
FX	准确率	0.5070	0.5859	0.3950	**0.7085**	0.5070	0.6342
	精度	0.5070	0.6216	0.4501	**0.8156**	0.5070	0.6534
	召回率	0.5070	0.5864	0.3952	**0.7098**	0.5070	0.6342
PC	准确率	0.8260	0.8407	**0.9830**	0.9558	0.8861	0.8992
	精度	0.8260	0.8407	**0.9834**	0.9404	0.8764	0.8902
	召回率	0.8260	0.8407	**0.9830**	0.9561	0.8862	0.8902
FC	准确率	**0.9863**	0.9810	0.9800	0.9783	0.9881	0.9836
	精度	**0.9863**	0.9810	0.9801	0.9786	0.9862	0.9842
	召回率	**0.9863**	0.9815	0.9800	0.9785	0.9862	0.9835
注: AR-K: ARIS on K-means;　AR-D: ARIS on DPC;　AR-DP: ARIS on DP_K-mediods							

在表 3.2 中, K-means、DPC、DPK 列的各指标值为 K-means、DPC、DP_K-mediods 算法直接对原始数据集 RI、FX、PC、FC 进行聚类分析获得的聚类结果; AR-K、AR-D、AR-DP 列的各指标值为 K-means、DPC、DP_K-mediods 算法对数据集 RI、FX、PC、FC 的 MC 进行聚类分析获得的

聚类结果。表中的粗体部分为 4 个数据集上各指标的最佳值。

由表 3.2 可知，数据集 RI、FX、PC 和 FC 上的最佳聚类结果分别通过 DPC、DP_K-mediods、DPC 和 K-means 算法获得。当 ARIS 框架部署在 K-means、DPC、DP_K-mediods 算法上后，除 FC 外的其他 3 个数据集上的各指标值都得到了不同程度的提高，说明 ARIS 框架能够在一定程度上提升原算法的性能。虽然部署了 ARIS 框架后的各算法在 FC 上的聚类结果相比原始数据集上的聚类结果有所下降，但部署 ARIS 框架前后各算法的各指标值差异很小，并不会影响算法的整体性能。因此，影响空间下的 MC 能够真实地代表原始数据集的数据分布特征。

3.4.5　人工数据集上的准确性比较

表 3.3 为在人工数据集 RI、FX、PC 和 FC 对应的噪声数据集（各噪声数据集中的噪声比例参见 2.4.1 节中的表 2.6）上进行聚类分析获得的聚类结果。表中 AR-K、AR-D 和 AR-DP 的含义不变，粗体值表示每个数据集上各指标的最佳值。

将 K-means、DPC、DPK 算法下的聚类结果与 AR-K、AR-D、AR-DP 下的聚类结果进行比较发现：除数据集 RI9 上的最佳指标值由 K-means 算法获得外，绝大多数数据集上的最佳指标值由部署了 ARIS 框架后的算法得到。出现上述现象的主要原因是，数据集 RI9 上的噪声比例较大，在 ARIS 框架进行噪声处理和特征提取后，数据集 RI9 上可能存在少量噪声。比较部署 ARIS 框架前后各算法的聚类指标发现，绝大多数算法在部署了 ARIS 框架后各聚类指标值得到了不同程度的提升。由此可见，ARIS 框架有助于提升原算法的性能。

进一步观察表 3.3 可以发现：随着噪声比例的增加（RI1～RI9 的噪声比例依次增加），准确率、精度和召回率指标并没有呈现出明显的变化规律，各算法的整体性能发生了不同程度的波动。以数据集 RI 对应的噪声数据为例，从数据集 RI1 到 RI3，K-means、AR-K 算法下聚类分析的指标值有所下降，而从数据集 RI3 到 RI5，K-means、AR-K 算法下的各指标值增加了。因此，噪声数据的增加可能会降低算法的性能，但不排除提高算法性能的可能性。上述现象出现的原因可能是，在数据集中加入噪声的实质是增加随机干扰，这种随机干扰可能会产生积极影响或消极影响。为了进一步分析表 3.3 中的数据，绘制了各聚类指标在不同噪声数据集上的变化情况，如图 3.5 所示。

表 3.3　各人工数据集对应的噪声数据集上的聚类结果比较

数　据　集	指标	K-means	AR-K	DPC	AR-D	DPK	AR-DP
RI1	准确率	0.5485	**0.6183**	0.4950	0.6129	0.4915	0.6127
	精度	0.5488	0.6085	0.2475	**0.6279**	0.2458	0.6275
	召回率	0.5540	0.6056	0.5000	**0.6221**	0.5000	0.6219
RI3	准确率	0.5243	0.5314	0.4854	**0.9517**	0.4841	0.8829
	精度	0.5244	0.5446	0.2427	**0.9545**	0.2420	0.8997
	召回率	0.5400	0.5320	0.5000	**0.9533**	0.5000	0.8975
RI5	准确率	0.6124	**0.6231**	0.4762	0.5189	0.4730	0.5158
	精度	0.6213	**0.6897**	0.2381	0.5215	0.2365	0.5173
	召回率	0.6169	**0.6543**	0.5000	0.5190	0.5000	0.5150
RI7	准确率	0.6561	**0.6635**	0.4673	0.6037	0.4754	0.6425
	精度	0.6654	**0.7277**	0.2336	0.6308	0.2377	0.6464
	召回率	0.6637	**0.7020**	0.5000	0.6109	0.5000	0.6416
RI9	准确率	**0.6275**	0.5877	0.4587	0.5166	0.4602	0.5788
	精度	**0.6950**	0.5924	0.2294	0.5187	0.2301	0.5819
	召回率	**0.6840**	0.5908	0.5000	0.5185	0.5000	0.5810
FX1	准确率	0.5099	0.5322	0.4950	**0.7339**	0.4851	0.7337
	精度	0.5099	0.5232	0.2475	**0.8268**	0.2425	0.8266
	召回率	0.5150	0.5231	0.5000	**0.7328**	0.5000	0.7327
FX3	准确率	0.4854	0.5333	0.4854	0.6157	0.4704	**0.6147**
	精度	0.2453	0.5329	0.2427	**0.7870**	0.2352	0.7747
	召回率	0.5000	0.5329	0.5000	**0.6016**	0.5000	0.6001
FX5	准确率	0.4824	**0.7057**	0.4762	0.6196	0.4738	0.6205
	精度	0.3630	0.8119	0.2381	**0.7870**	0.2381	0.7838
	召回率	0.5065	**0.6962**	0.5000	0.6048	0.5000	0.6055
FX7	准确率	0.4673	0.6154	0.4673	0.6133	0.4685	**0.6174**
	精度	0.2404	0.7421	0.2336	**0.7809**	0.2342	0.7442
	召回率	0.5000	0.6364	0.5000	0.6008	0.5000	**0.6381**
FX9	准确率	0.4587	0.5156	0.4587	0.6038	0.4587	**0.6058**
	精度	0.2328	0.5145	0.2294	0.7809	0.2328	**0.7812**
	召回率	0.5000	0.5144	0.5000	0.6008	0.5000	**0.6044**
PC1	准确率	0.8178	0.8376	0.4950	0.9573	0.8461	**0.9627**
	精度	0.8179	0.8376	0.2475	0.9589	0.8334	**0.9639**
	召回率	0.8260	0.8376	0.5000	0.9578	0.8384	**0.9628**
PC3	准确率	0.8000	0.8214	0.4854	**0.9170**	0.6034	0.9022
	精度	0.8002	0.8214	0.2427	**0.9268**	0.5820	0.9138
	召回率	0.8240	0.8214	0.5000	**0.9167**	0.6072	0.9036

（续表）

数　据　集	指标	K-means	AR-K	DPC	AR-D	DPK	AR-DP
PC5	准确率	0.6271	0.8221	0.4762	**0.9605**	0.5009	0.9355
	精度	0.5107	0.8223	0.2381	**0.9616**	0.2504	0.9286
	召回率	0.6585	0.8222	0.5000	**0.9604**	0.5000	0.9334
PC7	准确率	0.7766	0.8150	0.4673	0.9305	0.7208	**0.9321**
	精度	0.7775	0.7993	0.2336	0.9330	0.7174	**0.9346**
	召回率	0.8010	0.8150	0.5000	0.9488	0.7355	**0.9521**
PC9	准确率	0.7651	0.8261	0.4587	**0.9375**	0.4413	0.8550
	精度	0.7653	0.8262	0.2294	**0.9402**	0.2206	0.8393
	召回率	0.8340	0.8261	0.5000	**0.9524**	0.5000	0.8550
FC1	准确率	0.6495	**0.9842**	0.4932	0.9789	0.7181	0.9580
	精度	0.4723	**0.9842**	0.3175	0.9791	0.6962	0.9581
	召回率	0.6554	**0.9843**	0.4981	0.9788	0.7162	0.9618
FC3	准确率	0.6211	**0.9875**	0.4836	0.9825	0.4923	0.9499
	精度	0.4524	**0.9875**	0.3028	0.9825	0.3157	0.9509
	召回率	0.4524	**0.9875**	0.3028	0.9825	0.3157	0.9509
FC5	准确率	0.4744	**0.7350**	0.2381	0.5975	0.4846	0.5600
	精度	0.2469	0.6041	0.0595	0.5549	0.3041	**0.6209**
	召回率	0.4981	**0.7375**	0.2500	0.5931	0.4993	0.6035
FC7	准确率	0.4626	0.7325	0.2336	0.5335	0.5181	**0.7645**
	精度	0.2449	0.5958	0.0584	0.5334	0.1295	**0.6368**
	召回率	0.2449	0.5958	0.0584	0.5334	0.1295	**0.6368**
FC9	准确率	0.3429	**0.7070**	0.2294	0.2470	0.4251	0.6047
	精度	0.1530	0.5859	0.0573	0.0617	0.1063	**0.6035**
	召回率	0.3738	**0.7226**	0.2500	0.2500	0.2500	0.6122

图 3.5 中的（a）、（b）、（c）3 个子图分别为原聚类算法及 ARIS 框架下的聚类算法在不同噪声数据集上的准确率、精度和召回率的比较，横坐标 Ring、FuzzyX、Parabolic、FourCluster 上的数字 1~9 表示上述数据集中的噪声比例。在 3 个子图中，部署了 ARIS 框架后的三种比较算法的准确率、精度和召回率值都有了一定程度的提高。对于各数据集来说，噪声比例的增加会让准确率、精度和召回率的值出现不同程度的波动，但噪声比例的增加不一定会使得算法的聚类准确性下降，这与从表 3.3 中获得的结论一致。

比较图 3.5 中的（a）、（b）、（c）3 个子图可知，DPC 和 DP_K-mediods 算法在各数据集上的精度值明显低于准确率和召回率值。同时，与上述较低精度值对应的数据集召回率的值大多为 0.5 或 0.25。上述现象主要归因于噪声的加入使 DPC 和 DP_K-mediods 算法错误地将原有数据集中的簇合并成一个大簇，而噪声数据单独成一簇，使得精度下降，召回率为簇数的倒数。由于 ARIS 框架对噪声数据集的处理，数据集中的噪声被消除并利用了微簇（MC）来进行后续的聚类分析，让原本被合并的大簇被分开，打破了召回率的值集中在 0.5 或 0.25 的情况，精度值增加。通过 ARIS 框架在人工数据集上的分析结果可以得出：ARIS 框架可以减弱噪声的影响，提高算法的性能。

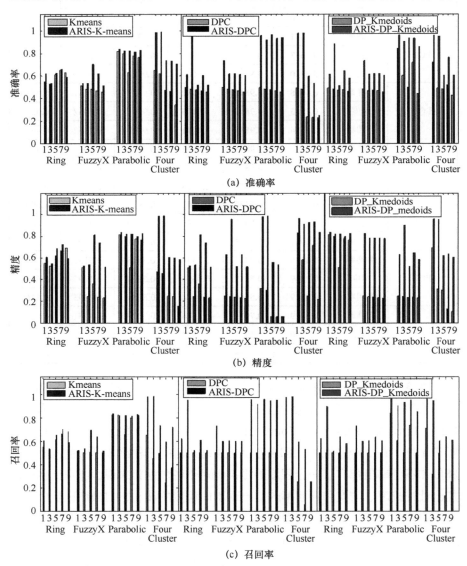

图 3.5　各人工数据集对应的噪声数据集上的聚类指标比较

3.4.6　真实数据集上的准确性比较

为了进一步考察 ARIS 框架在真实数据集上的性能，本节利用 K-means、DPC、DP_K-mediods 算法在 UCI 数据集上开展了聚类分析。表 3.4～表 3.6 为上述算法在 UCI 数据集上的实验结果，表中各项含义与表 3.2 一致。

表 3.4 为部署 ARIS 框架前后，K-means、DPC、DP_K-mediods 算法在各 UCI 数据集及其噪声数据集上的准确率比较，其中粗体部分为各数据集上的最佳准确率值。在表 3.4 所有 48 个数据集中，33 个数据集上的准确率最大值是通过部署了 ARIS 框架的算法获得的。各算法在数据集 SU 及其噪声数据集 SU1～SU9 上的准确率最低。原因可能是，上述数据集的维数相对较高，而各比较算法中使用的基于欧氏距离的相似性度量在高维空间中的准确性会有所降低，使得各算法在数据集 SU 及其噪声数据集上的聚类准确率不高。

表 3.4　UCI 数据集及其噪声数据集上的准确率比较

数 据 集	K-means	AR-K	DPC	AR-D	DPK	AR-DP
IR	**0.8867**	0.8788	0.6667	0.5152	**0.8867**	0.8767
IR1	0.6645	**0.8529**	0.3947	0.6970	0.6644	0.8528
IR3	0.6516	0.8649	0.5000	0.3871	0.6516	**0.8654**
IR5	0.5095	**0.8083**	0.3797	0.6500	0.5095	**0.8083**
IR7	0.6273	0.8000	0.3727	0.7250	0.6288	**0.8011**
IR9	0.6159	**0.7857**	0.3659	0.6667	0.6134	0.7252
HA	0.5196	0.5349	0.5458	**0.6047**	0.5273	0.5306
HA1	**0.7282**	0.5444	0.7282	0.5333	0.7086	0.5248
HA3	**0.7143**	0.5192	**0.7143**	0.5577	0.6847	0.4997
HA5	**0.7009**	0.6667	0.6978	0.5091	**0.7009**	0.6667
HA7	**0.6881**	0.6071	**0.6881**	0.6250	**0.6881**	0.6431
HA9	**0.6737**	0.5536	**0.6737**	0.5000	**0.6737**	0.5235
SP	0.3462	0.3636	0.3718	**0.4643**	0.3429	0.3808
SP1	0.3365	0.3448	0.3365	**0.5000**	0.3335	0.4755
SP3	0.3302	0.3667	0.3302	0.4500	0.3272	**0.4973**
SP5	0.3232	0.3548	0.3232	0.5323	0.3232	**0.4748**
SP7	0.3173	0.3750	0.3174	0.5000	0.3164	**0.5113**
SP9	0.3118	0.3750	0.3118	**0.4844**	0.3118	**0.4844**
CL	0.5093	0.5405	0.5870	**0.7457**	0.5870	0.7003
CL1	**0.9064**	0.5682	**0.9064**	0.7330	0.9060	0.7332

（续表）

数 据 集	K-means	AR-K	DPC	AR-D	DPK	AR-DP
CL3	0.8885	0.6022	**0.8903**	0.7637	0.8881	0.7671
CL5	**0.9148**	0.5557	0.8713	0.8424	**0.9148**	0.5557
CL7	**0.8547**	0.5530	0.8547	0.8378	0.8515	0.7695
CL9	0.8387	**0.8978**	0.8387	0.8333	0.8412	0.8978
BI	0.5886	0.5990	**0.6550**	0.6230	0.5280	0.6153
BI1	**0.6557**	0.6341	**0.6557**	0.5804	0.5287	0.5271
BI3	**0.6431**	0.6043	0.6431	0.5245	0.5161	0.5073
BI5	**0.6309**	0.6092	**0.6309**	0.5215	**0.6309**	0.6092
BI7	**0.6191**	0.6073	**0.6191**	0.5215	0.6191	0.6084
BI9	0.6078	0.5982	0.6078	**0.6697**	0.6131	0.6016
RE	0.4172	0.3666	0.4124	0.4001	**0.4177**	0.4085
RE1	0.4270	0.4120	0.4001	**0.5032**	0.4110	0.4085
RE3	0.4731	0.4954	0.3924	0.3931	0.4731	**0.4956**
RE5	0.3781	**0.5052**	0.3849	0.3917	0.3781	**0.5052**
RE7	0.4065	0.4596	0.3777	0.4030	0.4327	**0.5040**
RE9	0.4000	0.4954	0.3708	0.4025	0.3613	**0.4965**
FR	0.7247	0.7019	0.6272	0.5805	**0.7308**	0.7077
FR1	0.6882	0.5832	0.6082	0.6274	0.7182	**0.7385**
FR3	0.7033	0.6889	0.5964	0.5979	0.7331	**0.8442**
FR5	0.7157	**0.7604**	0.5850	0.4838	0.7157	**0.7604**
FR7	0.6578	**0.7593**	0.5741	0.4975	0.6852	0.7568
FR9	0.6645	0.5325	0.5636	0.4723	**0.6757**	0.6174
SU	0.3819	0.3721	0.3654	0.3848	**0.3880**	0.3706
SU1	0.2697	0.2746	0.2697	0.2626	**0.2928**	0.2816
SU3	0.2645	0.2745	0.2645	0.2691	**0.2875**	0.2816
SU5	0.2594	**0.3658**	0.2594	0.2608	0.2594	**0.3658**
SU7	0.2546	0.3493	0.2546	0.2565	0.2567	**0.3543**
SU9	0.2499	**0.2625**	0.2500	**0.2625**	0.2613	**0.2625**

　　表 3.5 为部署 ARIS 框架前后，K-means、DPC、DP_K-mediods 算法在 UCI 数据集及其噪声数据集上的精度比较，粗体值表示各数据集上精度的最大值。从该表中的统计数据可以看出，几乎所有数据集上最大的精度值都是由部署了 ARIS 框架后的各算法得到的，这表明 ARIS 框架能够有效提升比较算法在上述真实数据集上聚类结果的精度。与表 3.4 中的统计结果类似的是，数据集 SU 及其噪声数据集上的精度仍然处于所有数据集的最低水平。

表 3.5　UCI 数据集及其噪声数据集上的精度比较

数　据　集	K-means	AR-K	DPC	AR-D	DPK	AR-DP
IR	**0.8979**	0.8814	0.5000	0.4615	**0.8979**	0.8879
IR1	0.4926	**0.8631**	0.1316	0.6944	0.4919	0.8629
IR3	0.4926	**0.8619**	0.1290	0.7778	0.4926	0.8622
IR5	0.3130	**0.8318**	0.1266	0.4938	0.3130	**0.8318**
IR7	0.4926	0.8519	0.1242	0.7717	0.4943	**0.8532**
IR9	0.4926	**0.8421**	0.1220	0.5057	0.4895	0.7950
HA	0.5018	**0.5964**	0.4980	0.4762	0.5165	0.5179
HA1	0.3676	**0.5955**	0.3641	0.4667	0.3543	0.5935
HA3	0.3606	**0.5801**	0.3571	0.4367	0.3423	0.5788
HA5	0.3583	0.6639	0.3489	**0.7128**	0.3583	0.6639
HA7	0.3440	0.5974	0.3440	**0.7121**	0.3440	0.6394
HA9	0.3560	0.5290	0.3368	0.7083	0.3560	**0.7211**
SP	0.3462	0.3635	0.3755	**0.4445**	0.3427	0.3813
SP1	0.1132	**0.3460**	0.1122	0.3333	0.1112	0.3333
SP3	0.1118	0.3656	0.1101	**0.4069**	0.1091	0.3532
SP5	0.1097	0.3554	0.1077	**0.3579**	0.1097	0.3275
SP7	0.1111	0.3741	0.1058	0.4488	0.1055	**0.4590**
SP9	0.1091	0.3741	0.1039	**0.4276**	0.1091	**0.4276**
CL	0.5481	0.5160	0.4897	0.4574	**0.5642**	0.5415
CL1	0.4574	**0.5197**	0.4532	0.4479	0.4530	0.4482
CL3	0.4574	**0.5532**	0.4451	0.4484	0.4440	0.4818
CL5	0.4574	**0.5458**	0.4356	0.4506	0.4574	**0.5458**
CL7	0.4574	0.5386	0.4273	0.4480	0.4257	**0.7529**
CL9	**0.4574**	0.4538	0.4194	0.4454	0.4206	0.4538
BI	0.5083	0.5439	**0.6312**	0.5891	0.3313	0.5604
BI1	0.3303	0.6261	0.3279	**0.6535**	0.2644	0.6035
BI3	0.3254	0.5114	0.3215	**0.6125**	0.2580	0.4989
BI5	0.3202	0.3154	**0.6108**	0.5886	0.3202	0.5963
BI7	0.3160	0.5198	0.3096	**0.6197**	0.3160	0.5209
BI9	0.3104	**0.6294**	0.3039	0.3348	0.3065	0.6218
RE	0.3737	**0.4088**	0.3129	0.3315	0.3730	0.3873
RE1	0.3053	0.3780	0.1000	**0.4904**	0.2894	0.3754
RE3	0.3396	**0.3485**	0.0981	0.2813	0.3396	0.3484
RE5	0.1683	**0.4276**	0.0962	0.2758	0.1683	**0.4276**
RE7	0.2821	0.3774	0.0944	0.1007	0.3031	**0.4043**

（续表）

数　据　集	K-means	AR-K	DPC	AR-D	DPK	AR-DP
RE9	0.3321	0.3984	0.0927	0.1006	0.3070	**0.3995**
FR	0.5220	0.5165	0.4041	0.3909	**0.5264**	0.5035
FR1	0.5203	0.5764	0.1521	0.4733	0.5503	**0.5883**
FR3	0.4817	0.4883	0.1491	0.4073	0.5117	**0.6776**
FR5	0.4811	**0.6238**	0.1463	0.3780	0.4811	**0.6238**
FR7	0.4835	0.5243	0.1435	0.1700	0.5946	**0.6201**
FR9	0.4817	0.4088	0.1409	0.1742	**0.4939**	0.4522
SU	0.2563	0.2893	0.2863	**0.4486**	0.2669	0.2563
SU1	0.0301	0.0304	0.0300	0.0292	**0.0325**	0.0313
SU3	0.0301	0.0305	0.0294	0.0300	**0.0958**	0.0939
SU5	0.0301	**0.2296**	0.0288	0.0290	0.0301	**0.2296**
SU7	0.0299	0.2343	0.0283	0.0285	0.0285	**0.2393**
SU9	0.0299	**0.0304**	0.0278	0.0292	0.0290	**0.0304**

　　表 3.6 为部署 ARIS 框架前后，K-means、DPC、DP_K-mediods 算法在 UCI 数据集及其噪声数据集上的召回率比较。在各 UCI 数据集上，召回率的最大值均是由部署 ARIS 框架后的算法获得的，且对于噪声数据集，部署了 ARIS 框架后的算法相较于未部署 ARIS 框架的算法来说更具有优势。与表 3.4 和表 3.5 相同的是，数据集 SU 及其噪声数据集上获得的召回率仍然低于其他所有数据集。此外，表 3.6 中还出现了一个特殊现象，即属于同一原数据集的部分噪声数据集具有相同的召回率，且等于原数据集中簇数的倒数。例如，数据集 HA1～HA9、CL1～CL9、BI1～BI9 中部分数据集的召回率为 0.5000，数据集 SP1～SP9 中大多数数据集的召回率为 0.3333，数据集 SU1～SU9 中几乎所有数据集的召回率都为 0.1111。为了进一步揭示上述现象形成的原因，给出了图 3.6 和图 3.7。

表 3.6　UCI 数据集上的召回率比较

数　据　集	K-means	AR-K	DPC	AR-D	DPK	AR-DP
IR	**0.8867**	0.8783	0.6111	0.5000	**0.8867**	0.8767
IR1	0.6167	**0.8480**	0.3333	0.6804	0.6167	**0.8480**
IR3	0.6167	0.8708	0.3333	0.7739	0.6167	**0.8719**
IR5	0.4750	**0.8352**	0.3333	0.5882	0.4750	**0.8352**
IR7	0.6167	0.8190	0.3333	0.6882	0.6187	**0.8200**
IR9	0.6167	**0.8651**	0.3333	0.5882	0.6145	0.8007

（续表）

数　据　集	K-means	AR-K	DPC	AR-D	DPK	AR-DP
HA	0.4995	**0.5996**	0.4975	0.4852	0.5001	0.5125
HA1	0.5000	0.6416	0.5000	0.4762	0.5000	**0.6436**
HA3	0.5000	0.5824	0.5000	0.4588	0.5000	**0.5854**
HA5	0.5000	**0.6393**	0.5000	0.6143	0.5000	**0.6393**
HA7	0.5000	0.6056	0.5000	0.5972	0.5000	**0.6568**
HA9	0.5000	0.5306	0.5000	0.6111	0.5000	**0.6321**
SP	0.3462	0.3639	0.3699	**0.4565**	0.3429	0.3808
SP1	0.3333	0.3444	0.3333	**0.4833**	0.3333	0.4555
SP3	0.3333	0.3651	0.3333	0.4524	0.3333	**0.4772**
SP5	0.3333	0.3727	0.3333	**0.5080**	0.3333	0.4537
SP7	0.3333	0.3742	0.3333	0.4985	0.3333	**0.5074**
SP9	0.3333	0.3742	0.3333	**0.4727**	0.3333	**0.4727**
CL	0.6529	0.5619	0.4687	0.4006	**0.7053**	0.5829
CL1	0.5000	**0.5591**	0.5000	0.4006	0.5000	0.4016
CL3	0.5000	**0.6621**	0.5000	0.4187	0.5000	0.5046
CL5	0.5000	**0.6364**	0.5000	0.4641	0.5000	**0.6364**
CL7	0.5000	0.6150	0.5000	0.4641	0.5000	**0.7718**
CL9	**0.5000**	**0.5000**	**0.5000**	0.4641	**0.5000**	**0.5000**
BI	0.5069	0.5511	**0.6425**	0.5973	0.4039	0.5707
BI1	0.5000	0.6433	0.5000	**0.6565**	0.5000	0.6065
BI3	0.5000	0.5096	0.5000	**0.6107**	0.5000	0.5103
BI5	0.5000	0.5850	0.5000	**0.6084**	0.5000	0.5850
BI7	0.5000	0.5171	0.5000	**0.6084**	0.5000	0.5186
BI9	0.5000	**0.6461**	0.5000	0.5000	0.5000	0.6389
RE	**0.4969**	0.4802	0.3215	0.3510	0.4960	0.4869
RE1	0.4763	0.5047	0.2500	**0.6224**	0.3610	0.5014
RE3	**0.5110**	0.4928	0.2500	0.2604	0.5109	0.4932
RE5	0.2497	**0.5230**	0.2500	0.2586	0.2497	**0.5230**
RE7	0.4393	0.5090	0.2500	0.2500	0.4695	**0.5510**
RE9	0.4804	0.4955	0.2500	0.2500	0.4402	**0.4966**
FR	0.5778	0.5597	0.3726	0.3948	**0.5925**	0.5327
FR1	0.2648	**0.7418**	0.2500	0.5399	0.2792	0.6479
FR3	0.5843	0.6242	0.2500	0.3666	0.5969	**0.7656**
FR5	0.5606	**0.6229**	0.2500	0.4493	0.5606	**0.6229**
FR7	0.4272	**0.6237**	0.2500	0.2079	0.5263	0.6204
FR9	0.5844	0.5889	0.2500	0.2113	0.5980	**0.6012**

（续表）

数 据 集	K-means	AR-K	DPC	AR-D	DPK	AR-DP
SU	0.2793	0.2688	**0.3688**	0.3101	0.2207	0.2179
SU1	**0.1111**	**0.1111**	**0.1111**	**0.1111**	**0.1111**	**0.1111**
SU3	**0.1111**	0.1111	0.1111	0.1111	0.1111	0.1111
SU5	0.1111	**0.2376**	0.1111	0.1111	0.1111	**0.2376**
SU7	0.1111	0.2333	0.1111	0.1111	0.1111	**0.2384**
SU9	**0.1111**	**0.1111**	**0.1111**	**0.1111**	**0.1111**	**0.1111**

图 3.6 的（a）、（b）和（c）分别反映了噪声数据集上评价指标准确率、精度和召回率的变化情况，各子图横坐标的每个间隔分别表示：IR1～IR9、HA1～HA9、SP1～SP9、CL1～CL9、BI1～BI9、RE1～RE9、FR1～FR9 和 SU1～SU9，共有 40 个噪声数据集。在图 3.6 的（a）、（b）、（c）3 个子图中，圆点、加号和星号标记的曲线分别为部署了 ARIS 框架后的 K-means、DPC、DP_K-medoids 算法获得的各指标得分。对比上述三个子图可以发现：各比较算法的精度和召回率指标中带标记曲线明显高于未标记曲线，这表明 ARIS 框架有助于提升算法的精度和召回率指标得分。对于精度指标来说，带标记曲线与未标记曲线之间的差距最大，这表明 ARIS 框架能够显著提升算法的精度指标得分。在所有子图横坐标的 35～40 处，部署 ARIS 框架前后各算法的准确率、精度、召回率指标得分均较低，而横坐标 35～40 处对应噪声数据集的 SU1～SU9，说明各比较算法及 ARIS 框架在高维数据集上的处理性能均有待提升。

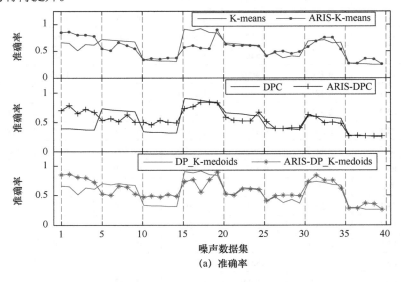

(a) 准确率

图 3.6　带噪声的 UCI 数据集上的评价指标比较

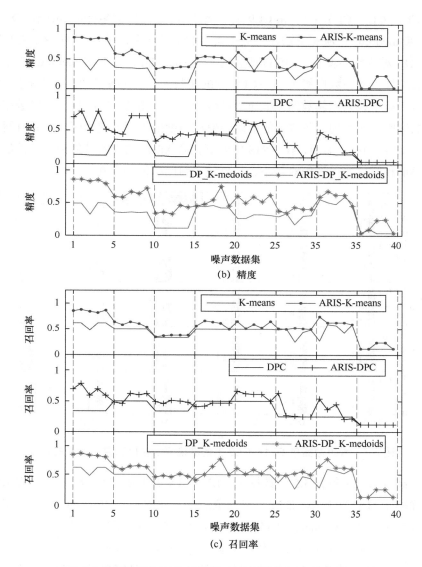

图 3.6　带噪声的 UCI 数据集上的评价指标比较（续）

图 3.7 以 Climate（CL）数据集及其噪声数据集 CL1～CL9 为例，进一步解释了部分噪声数据集上的召回率值相同且等于其数据集中簇数的倒数的原因。

在图 3.7 中，同一组的 3 个柱体分别表示数据集 CL1～CL9 上的准确率、精度和召回率值；（a）、（b）、（c）、（d）和（e）标记的各子图中的噪声比例分别占总数据的 1%、3%、5%、7%和9%，即每个子图分别反映了噪声数据集 CL1、CL3、CL5、CL7 和 CL9 上的统计结果；图中横坐标 K-means、DPC、DP_K-medoids 对应着算法在原数据集上的聚类结果，横坐标 AR-K、AR-D、AR-DP 对应着部署了 ARIS 框架后的 K-means、DPC、DP_K-mediods 算法的聚类结果。噪声数据集 CL1～CL9 中的簇数为 2，在各子图中纵坐标为 0.5 处有一条虚线表示簇数的倒数所处的位置。比较图 3.7 中的算法在原数据集上的聚类结果发现，各算法的准确率值和精度值之间的差异明显，并且召回率值均等于 0.5。然而，在 ARIS 框架下，除 AR-D 之外的其他两种算法的准确率值和精度值差异相对较小，且打破了召回率值均为 0.5 的局面。

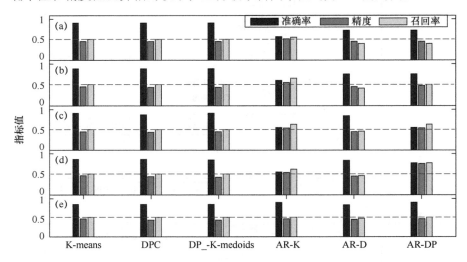

图 3.7　噪声数据集 CL1～CL9 上的准确率、精度和召回率值的比较

　　结合表 3.4 和表 3.5 中数据集 CL1～CL9 的准确率和精度值可以看出：准确率是精度的两倍。造成上述现象的主要原因是：Climate(CL)数据集中簇分布不平衡（Climate(CL)有两个簇，各包含 46 个和 494 个成员）。添加噪声后，所有正常样本点被划分到同一个簇中，噪声被放入另一个簇中。由于簇分布不平衡，大多数数据分类结果被认为是正确的，因此准确率值较高，而另一个簇中的分类是错误的；此时，精度是准确率的一半，召回率是簇数的倒数。ARIS 框架对噪声数据集进行处理后，噪声被减少甚至消除，虽然数据集中可能仍然存在簇分布不平衡的现象，但所有正常样本点被划分到同一个簇中的情况被打破，使得准确率值下降、精度和召回率值增加。利用上述规律，可以发现数据集 Haberman（HA）和 Superconductivity（SU）中也存在上述不平衡现象。

3.4.7　高维数据集上的准确性比较

表 3.7 显示了 3.4.3 节中后三种算法在四个高维数据集上的聚类结果比较，其中加粗部分为部署 ARIS 框架前后各比较算法在准确率、精度及召回率指标上的最优值；WMBS、SMK、SPECT 分别为 WMBS、SMK、SPECTACL 算法在四个高维数据集上的聚类结果统计，AR-WB、AR-SM、AR-SP 分别为部署了 ARIS 框架后 WMBS、SMK、SPECTACL 算法在四个高维数据集上的聚类结果统计。

表 3.7　高维数据集上的聚类结果比较

数　据　集	指标	WMBS	AR-WB	SMK	AR-SM	SPECT	AR-SP
YA	准确率	**0.5739**	0.4121	**0.6667**	0.5030	**0.4424**	0.4243
	精度	**0.5736**	0.5438	0.5368	**0.5508**	0.5156	**0.5205**
	召回率	**0.5436**	0.4121	0.4788	**0.5030**	0.4534	**0.5455**
MN	准确率	0.6067	**0.6190**	**0.6429**	0.6190	0.5552	**0.5729**
	精度	**0.5909**	0.4769	**0.6856**	0.5708	0.5690	**0.6571**
	召回率	**0.6068**	0.5550	0.6300	**0.6500**	0.5600	**0.5900**
LC	准确率	**0.4209**	0.4039	0.4091	**0.4309**	0.3552	**0.4352**
	精度	**0.4782**	0.4756	**0.4786**	0.4780	0.4374	**0.4557**
	召回率	**0.4209**	0.4039	0.4091	**0.4209**	0.3452	**0.4375**
BR	准确率	**0.4562**	0.3564	**0.4370**	0.4002	0.3704	**0.3774**
	精度	**0.4587**	0.3908	0.3573	**0.4986**	0.3989	**0.4112**
	召回率	**0.4540**	0.3263	0.3490	**0.4840**	0.3263	**0.5056**

对比表 3.7 中各数据集上的统计结果可以看到：数据集 LC（LungCancer）和 BR（Brain）上的聚类结果相比其余两个高维数据集上的结果较差；结合表 3.1 发现，数据集 LC 和 BR 的维数远远高于其余两个高维数据集，这说明数据集的维数是影响聚类效果的一个关键因素。

在表 3.7 中，ARIS 框架在算法 SPECTAL 上的表现最好，与部署 ARIS 框架之前的聚类结果相比，各项指标得分都有不同程度的提高。对于 SMK 算法来说，部署 ARIS 框架前后其性能相对不稳定，但该算法在各数据集上的大部分最优值在 ARIS 框架的帮助下获得。ARIS 框架在 WBMS 算法上的表现相对最差，算法的各指标值在部署了 ARIS 框架后出现了一定程度的下降，主要原因是：WBMS 算法是一种适用于高维数据的聚类算法，算法考虑了高维不相关属性对聚类精度的影响，再次部署 ARIS 框架后可能会损失某些有价值的信息，因此，不适合在 WBMS 算法上再次部署 ARIS 框架进行特征提取。

通过 ARIS 框架在上述高维数据集上的实验结果可以发现，各比较算法在部署 ARIS 框架后的性能并不稳定，甚至可能出现准确性下降的情况。主要原因可能是，ARIS 框架是基于欧氏距离的，这使得 ARIS 在高维数据集上的处理结果并不理想。因此，优化框架中的相似性度量方法可能进一步提升 ARIS 在高维数据集上的处理性能，从而进一步扩展 ARIS 框架的应用领域。

综上所述，ARIS 框架可以在保证准确性或准确性略有损失的基础上实现特征提取，尤其是在处理噪声数据集时 ARIS 框架的优势较为明显，其可以显著提高原算法在精度和召回率指标上的得分。此外，ARIS 框架可以在一定程度上降低数据不平衡的影响，减少陷入极端不平衡的可能性。然而，ARIS 框架也存在一定不足，由于高维空间中欧氏距离的度量精度有限，导致其对高维数据的处理能力不强，借助于其他度量可能有效提高 ARIS 框架在高维空间中的处理能力，拓展 ARIS 框架的应用领域。

3.4.8 框架效率分析

为了进一步分析 ARIS 框架的时间效率，分别给出 ARIS 框架的处理时间（见表 3.8）及 3.4.3 节中前三种比较算法的聚类时间（见表 3.9、表 3.10 和表 3.11）。本节对每种比较算法进行了 20 次实验并获得了 20 次实验的平均聚类时间，以各算法的平均聚类时间来表示各算法最终的时间效率。

表 3.8　ARIS 框架的预处理时间

数　据　集	ARIS 框架在不同比例噪声数据集上的处理时间					
	0	1%	3%	5%	7%	9%
RI	0.3414	0.3443	0.3748	0.3532	0.3814	0.3809
FX	0.2081	0.2157	0.3748	0.3579	0.3710	0.2140
PC	0.3311	0.3314	0.3575	0.3650	0.3819	0.3178
FC	0.6381	0.6556	0.6503	0.6514	0.6736	0.6771
IR	0.0450	0.0456	0.0454	0.0467	0.0480	0.0495
HA	0.0796	0.0819	0.0897	0.0832	0.0880	0.0800
SP	0.0900	0.0957	0.1064	0.0968	0.1008	0.1031
CL	0.1700	0.1908	0.1972	0.1878	0.1986	0.2203
BI	0.5071	0.5105	0.5818	0.5442	0.5934	0.4398
RE	7.0258	9.8268	6.9698	10.2021	9.80556	11.3465
FR	12.0562	12.1731	13.3127	12.3327	15.4001	17.3481
SU	289.8171	292.6207	308.1850	329.0810	341.4998	364.7593

　　表 3.8 显示了 ARIS 框架在 72 个数据集上的处理时间，表中 "0" 对应的第一列统计值，为 ARIS 框架在 12 个原数据集上的处理时间；"1%""3%""5%""7%""9%" 对应列的统计值为 ARIS 框架在 60 个噪声数据集上的处理时间，不同的百分比表示数据集中的噪声比例。

　　由表 3.8 可以看出，ARIS 框架的处理时间基本与各数据集中的数据量成正比；ARIS 框架在数据集 SU 及其噪声数据集上的处理时间最长，而在数据集 IR 及其噪声数据集上的处理时间最短。此外，随着数据集中噪声比例的增加，ARIS 框架的处理时间也基本呈现上升趋势，但是不排除个别数据集上会出现噪声比例增加而 ARIS 框架的处理时间下降的情况。

　　表 3.9、表 3.10 和表 3.11 分别统计了 K-means、DPC、DP_K-medoids 算法在不同数据集上的聚类时间，以及在 ARIS 框架下上述三种算法的聚类时间。其中，K-means、DPC、DP_K-medoids 对应行的数值为上述三种算法在各原数据集以及不同噪声比例的噪声数据集上的聚类时间，AR-K、AR-D、AR-DP 对应行的数值给出的是 ARIS 框架下上述算法的聚类时间，即算法在各数据集对应的 MC 上的聚类时间。

表 3.9　K-means 算法的聚类时间比较

数　据　集		K-means 算法在不同比例噪声数据集上的聚类时间					
		0	1%	3%	5%	7%	9%
RI	K-means	0.0039	0.0038	0.0120	0.0199	0.0106	0.0102
	AR-K	0.0018	0.0033	0.0109	0.0157	0.0100	0.0095
FX	K-means	0.0087	0.0095	0.0081	0.0088	0.0052	0.0066
	AR-K	0.0012	0.0038	0.0056	0.0041	0.0016	0.0041
PC	K-means	0.0099	0.0080	0.0066	0.0101	0.0077	0.0092
	AR-K	0.0020	0.0025	0.0036	0.0057	0.0033	0.0059
FC	K-means	0.0144	0.0115	0.0168	0.0248	0.0258	0.0225
	AR-K	0.0021	0.0018	0.0041	0.0140	0.0141	0.0196
IR	K-means	0.0039	0.0036	0.0038	0.0070	0.0032	0.0037
	AR-K	0.0006	0.0018	0.0018	0.0057	0.0028	0.0028
HA	K-means	0.0041	0.0052	0.0042	0.0100	0.0046	0.0033
	AR-K	0.0005	0.0013	0.0033	0.0032	0.0016	0.0024
SP	K-means	0.0087	0.0047	0.0051	0.0094	0.0039	0.0052
	AR-K	0.0067	0.0027	0.0030	0.0040	0.0028	0.0034

（续表）

数 据 集		K-means 算法在不同比例噪声数据集上的聚类时间					
		0	1%	3%	5%	7%	9%
CL	K-means	0.0039	0.0035	0.0040	0.0057	0.0030	0.0031
	AR-K	0.0024	0.0022	0.0014	0.0039	0.0012	0.0026
BI	K-means	0.0096	0.0081	0.0213	0.0122	0.0151	0.0157
	AR-K	0.0029	0.0013	0.0093	0.0064	0.0063	0.0074
RE	K-means	0.1695	0.1713	0.1739	0.2115	0.2803	0.3017
	AR-K	0.0190	0.0515	0.1081	0.1333	0.1348	0.2086
FR	K-means	0.0936	0.1191	0.2814	0.0927	0.1688	0.1720
	AR-K	0.0187	0.0611	0.0835	0.0377	0.0427	0.0525
SU	K-means	14.5051	14.6238	7.4478	14.3051	18.1327	21.1475
	AR-K	7.9067	9.9562	1.0225	7.8850	9.8791	10.8986

表 3.10　DPC 算法的聚类时间比较

数 据 集		DPC 算法在不同比例噪声数据集上的聚类时间					
		0	1%	3%	5%	7%	9%
RI	DPC	0.0098	0.0098	0.0098	0.0100	0.0101	0.0101
	AR-D	0.0047	0.0051	0.0056	0.0059	0.0061	0.0061
FX	DPC	0.0100	0.0101	0.0101	0.0101	0.0100	0.0101
	AR-D	0.0060	0.0060	0.0061	0.0070	0.0071	0.0070
PC	DPC	0.0085	0.0085	0.0084	0.0085	0.0085	0.0086
	AR-D	0.0052	0.0054	0.0054	0.0060	0.0065	0.0065
FC	DPC	0.0151	0.0150	0.0152	0.0155	0.0160	0.0161
	AR-D	0.0058	0.0058	0.0059	0.0058	0.0059	0.0059
IR	DPC	0.0039	0.0039	0.0039	0.0060	0.0040	0.0039
	AR-D	0.0027	0.0028	0.0028	0.0027	0.0028	0.0028
HA	DPC	0.0063	0.0064	0.0064	0.0064	0.0065	0.0065
	AR-D	0.0025	0.0030	0.0030	0.0036	0.0039	0.0055
SP	DPC	0.0118	0.0108	0.0108	0.0119	0.0110	0.0120
	AR-D	0.0060	0.0061	0.0071	0.0074	0.0080	0.0082
CL	DPC	0.0166	0.0166	0.0167	0.0170	0.0172	0.0172
	AR-D	0.0029	0.0028	0.0029	0.0029	0.0029	0.0029
BI	DPC	0.0088	0.0087	0.0091	0.0108	0.0109	0.0119
	AR-D	0.0025	0.0031	0.0031	0.0031	0.0034	0.0034
RE	DPC	0.4009	0.4012	0.4017	0.4057	0.4088	0.4091
	AR-D	0.0161	0.0178	0.0202	0.0206	0.0206	0.0202
FR	DPC	0.7586	0.7613	0.7916	0.7583	0.7603	0.7615
	AR-D	0.0427	0.0431	0.0440	0.0430	0.0431	0.0431
SU	DPC	20.9108	20.9112	20.9106	21.0110	21.5927	22.1985
	AR-D	7.4122	8.4129	8.9056	8.6169	8.4196	9.4226

表 3.11 DP_K-medoids 算法的聚类时间比较

数据集		DP_medoids 算法在不同比例噪声数据集上的聚类时间					
		0	1%	3%	5%	7%	9%
RI	DP_K-medoids	0.0100	0.0106	0.0107	0.0111	0.0111	0.0115
	AR-DP	0.0048	0.0050	0.0056	0.0060	0.0061	0.0061
FX	DP_K-medoids	0.0100	0.0110	0.0113	0.0115	0.0119	0.0120
	AR-DP	0.0062	0.0064	0.0065	0.0071	0.0074	0.0074
PC	DP_K-medoids	0.0087	0.0099	0.0100	0.0016	0.0110	0.0111
	AR-DP	0.0054	0.0056	0.0057	0.0060	0.0064	0.0065
FC	DP_K-medoids	0.0161	0.0161	0.0162	0.0160	0.0163	0.0165
	AR-DP	0.0060	0.0061	0.0059	0.0061	0.0062	0.0062
IR	DP_K-medoids	0.0035	0.0046	0.0047	0.0060	0.0055	0.0056
	AR-DP	0.0034	0.0034	0.0038	0.0037	0.0036	0.0040
HA	DP_K-medoids	0.0067	0.0067	0.0067	0.0068	0.0066	0.0067
	AR-DP	0.0028	0.0031	0.0033	0.0040	0.0044	0.0056
SP	DP_K-medoids	0.0158	0.0159	0.0160	0.0170	0.0176	0.0175
	AR-DP	0.0070	0.0071	0.0071	0.0074	0.0080	0.0081
CL	DP_K-medoids	0.0191	0.0196	0.0190	0.0200	0.0209	0.0212
	AR-DP	0.0036	0.0037	0.0040	0.0041	0.0043	0.0044
BI	DP_K-medoids	0.0109	0.0110	0.0111	0.0116	0.0120	0.0121
	AR-DP	0.0026	0.0032	0.0032	0.0032	0.0035	0.0035
RE	DP_K-medoids	0.0100	0.0110	0.0113	0.0115	0.0119	0.0120
	AR-DP	0.0062	0.0064	0.0065	0.0071	0.0074	0.0074
FR	DP_K-medoids	0.8971	1.0197	1.0613	1.0676	1.1067	1.0815
	AR-DP	0.0430	0.0430	0.0440	0.0441	0.0431	0.0441
SU	DP_K-medoids	21.7118	22.012	22.9136	24.0130	26.8257	27.4305
	AR-DP	8.4333	8.4129	8.9637	9.4169	9.6197	9.8367

在上述三个表给出的聚类时间统计中,K-means 算法的聚类时间效率最高,DPC 算法次之,而 DP_K-medoids 算法的聚类时间效率相对较低。在部署了 ARIS 框架后,各算法的聚类时间明显小于直接在各数据集上的聚类时间。上述现象主要是由于 ARIS 特征提取框架利用微簇中心 MC 代替原始数据集的分布特征极大地减少了后续参与数据分析和处理的数据量,从而大大缩短了算法的聚类时间。

ARIS 特征提取框架的处理结果可用于各种数据分析和处理任务,使得各算法在运行前不需要重复对数据进行预处理,而是利用 ARIS 框架下获得的特殊微簇 SM 和微簇中心 MC。由于 MC 中的数据量相较于原数据集中的数据量大大减少，使得算法在聚类过程中的时间效率大幅提高。虽然 ARIS 框架在获得特殊微簇 SM 和微簇中心 MC 时的处理时间增加了一定的开销，但是上述操作为后续进行深入的数据分析和处理节省了大量的时空开销。

为了综合比较各算法的整体运行效率，表 3.7 中统计的 ARIS 框架在各原始及噪声数据上的处理时间被加入各算法的聚类时间中，以获得各算法的总体运行时间。各算法的总体运行时间如图 3.8 所示。

图 3.8 中的（a）、（b）、（c）三个子图分别为 K-means、DPC 及 DP_K-medoids 算法的总运行时间。由于部分数据集之间数据量差异大，使得算法在不同数据集上的运行时间存在较大差异，为了避免较大的运行时间值覆盖较小的运行时间值，所有数据集按运行时间的长短分成了两部分，并获得了图 3.8 各子图中左右两部分直方图，其中各子图的右半部分直方图中给出的处理时间明显高于左半部分。

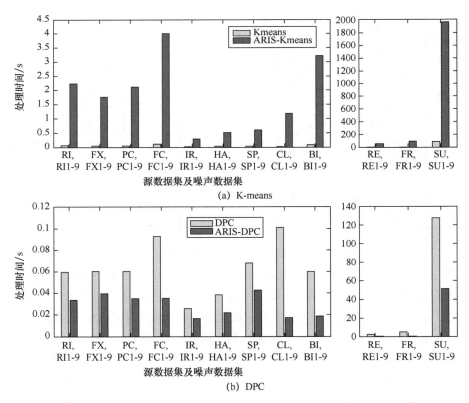

图 3.8　各算法的总体运行时间统计

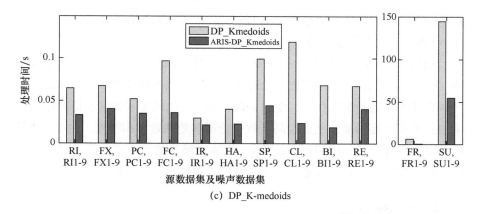

(c) DP_K-medoids

图 3.8　各算法的总体运行时间统计（续）

图 3.8 中的直方体为各算法在某一个原数据集及其噪声数据集上的运行时间之和。以图 3.8（a）中的第一组标注为 RI，RI1-9 的直方体为例，该组第一个直方体表示 K-means 算法在数据集 IR、IR1、IR3、IR5、IR7 和 IR9 上的运行时间之和，该组第二个直方体表示在 ARIS 框架下 K-means 算法在上述数据集的运行时间之和。

图 3.8（a）中，所有的分组中第二个直方体都高第一个直方体，且当所处理的数据集的数据量越大时，不同分组中直方体之间的差异越明显。上述分布出现主要是由于 ARIS 框架的处理时间也包含在 K-means 的总时间成本中，使得部署了 ARIS 后的 K-means 算法的整体时间效率降低。然而，图 3.8（b）和图 3.8（c）中的分布正好与 3.8（a）中的分布状态相反。图 3.8（b）和 3.8（c）中的所有分组中后一个直方体都明显低于其前一个直方体，这表明 ARIS 框架下算法的时间效率得到了显著提高。图 3.8（b）和图 3.8（c）中的算法直接对图 3.8（a）中 ARIS 获得的各数据集的 MC 进行聚类，极大提升了聚类过程的时间效率。根据 ARIS 框架的原理可以推测：当其他数据分析任务出现时，各算法运行的时间效率分布将与图 3.8（b）和图 3.8（c）中的时间效率分布相同。出现上述现象的主要原因是：ARIS 框架通过特征处理可以在保证算法的分类准确性的基础上最大限度地减少数据量，其在数据集上特征提取所获得的 SM 和 MC 可以用于各种数据分析和处理任务，从而提高各算法的时间效率。

综上所述，ARIS 框架能够在可接受的时间成本下最大限度减少数据量，并且显著提高后续算法的时间效率。ARIS 获得的微簇中心 MC 适用于各种数据分析和处理需求，当面临大量数据分析任务时，直接处理微簇中心 MC

获得的时间优势将被积累以弥补 ARIS 框架特征提取的时间成本，并最终使得 ARIS 框架的优势得到体现。

通过分析 ARIS 框架下各算法的准确性以及效率可以得出结论：ARIS 特征提取框架通过对数据集进行处理获得特殊微簇 SM 和微簇中心 MC，并将 MC 作为原数据集的代表，通过 MC 与 SM 之间的关联性来获得整体数据集的分析和处理结果，从而提高了数据分析与处理效率和精度。由于 ARIS 中针对噪声进行了分析和处理，因此，在面对噪声数据的处理任务时，ARIS 的优势更加明显，它可以显著提高算法的处理精度，使算法更具稳健性。

3.5 本章小结

本章提出了一种基于影响空间的噪声不敏感特征提取框架——ARIS。该框架包含两个子模型。第一个模型通过分析噪声在影响空间下的特征来识别和去除噪声。第二模型利用影响空间下的数据分布特征将数据集划分为多个微簇，然后从微簇中获取微簇中心来实现特征提取。ARIS 框架在典型聚类算法上的应用结果表明，ARIS 能使算法的效率和精度得到不同程度的提升，特别是在处理含噪数据时优势明显。虽然 ARIS 框架的特征提取会增加一定的时间成本，但它加快了后续的分析和处理过程。此外，ARIS 可以在一定程度上缓解数据不平衡性带来的不利的影响，降低陷入极度不平衡的可能性。然而，其缺点是对高维数据的处理能力有待提升；影响空间中的邻域数参数 M 的确定也存在一定难度。因此，如何解决上述难题以提升 ARIS 的性能也是后续工作中需要重点考虑的问题。

第 4 章

散度距离及其无参密度聚类方法

第 2 章和第 3 章均在欧氏距离下评估了不同数据点之间的相似性，并借助影响空间的相关理论开展了噪声检测和数据特征提取。上述工作可以作为一种统一的数据预处理方案为深入的数据分析打下基础。然而，通过深入分析和实验验证可以发现：在欧氏距离下，本书前面提出的方法难免会在高维空间中面临不同程度的性能制约。为提升欧氏距离在高维数据集上的处理性能，并考虑大数据背景下的相似性变量和参数依赖问题，本章首先提出了散度距离，然后借鉴调整后的箱线图（Boxplot）理论解决参数依赖，最后利用密度峰值快速搜索和识别聚类（Clustering by Fast Search and Find of Density Peaks，DPC）算法中的有关聚类思想，提出了散度距离及其无参密度聚类方法——无参密度峰聚类（Non-parametric Density Peak Clustering，NAPC）算法。实验结果表明，NAPC 算法的性能明显优于各流行算法或最新的比较算法。与传统欧氏距离度量相比，NAPC 算法在高维数据集上的处理能力也得到了一定程度的提高，该算法可以在无人工干预的条件下识别多维且形状各异的簇。

4.1 问题提出

在大数据时代，海量数据资源给方法、技术和相关应用领域的发展提供了契机，但不同行业、领域对海量数据的处理和分析需求的增长也使得诸多数据分析方法和手段的短板不断显露。例如，大数据的海量、高维等特征使得欧氏距离等相似性度量方法的效果大大下降；涉及大量参数和人为因素的方法在大数据背景下失去用武之地。为了充分发挥大数据时代的数据和技术优势，研究者不断开发新的技术和方法来满足大数据的分析和处理需求。但是，现有技术和方法的优势是不可否认的。在保持现有技术和方法优势的基础上推陈出新，意义重大。本章针对大数据背景下的相似性度量、参数依赖等问题给出散度距离及其无参密度聚类方法的主要动机如下。

（1）传统欧氏距离忽略了属性差异和角度信息，容易出现相似性传递效应失效，造成邻居点的误分类。对欧氏距离进行调整以解决相似性传递效应失效，对于提高欧氏距离的度量精度和扩展其应用范围意义重大。

欧氏距离在特征空间中的旋转变换不变性使其成为一种应用广泛的相似性度量方法。然而，欧氏距离忽略了角度信息和属性差异，在某些情境下并不适用，尤其是在高维空间中。充分考虑数据的属性差异和角度信息对于揭示数据的真实分布及提高相似性度量的精度是很有价值的。因此，本章提出了一个扩展的欧氏距离来描述数据点的相似性，既能充分保留欧氏距离的基本优势，又能够使欧氏距离的度量精度得到进一步提升。

（2）现有算法对参数的依赖直接影响了相关度量的准确性，导致算法分析和处理结果的质量不稳定。使用合适的方法减少或解决对参数的依赖，将使算法更加稳健和客观。

导致算法不稳定的因素有很多，其中人为因素是不容忽视的，参数依赖是最直接、最常见的人为因素。以 DPC 算法来说，算法中的截断距离 dc 对正常运行起到了一定的积极作用，但不免会产生某些不利影响，不同的 dc 值可能会使密度度量结果差异较大，从而使聚类结果不稳定。因此，有必要减少或解决对参数的依赖。

（3）在现有的聚类算法中，手动选择聚类中心的算法受人为因素影响大且不适用于大规模数据集。提出有效的初始聚类中心自动选择和提取方案可以在进一步减弱人为干预的同时，扩大算法的应用前景。

聚类中心的选择一直是聚类算法中的重要问题，好的初始聚类中心能够极大地减少算法的时间开销。DPC 算法为用户提供决策图，并通过用户选择的簇中心实现簇的分配。这种策略有利于用户理解数据的分布，但存在以下三点不足：①增加了用户的负担；②使聚类结果变得不可预测；③不适用于大数据。因此，需要探索合适的策略来实现聚类中心的自动识别和提取。

在上述需求的激发下，本章定义了散度距离并以该度量为基础，进一步解决了聚类中心选择和参数依赖问题，提出了无参密度峰聚类算法——NAPC。首先，本章根据同一范围内各点的重要性排序，提炼出欧氏距离下的散度和散度距离；其次，针对对参数截断距离（dc）的依赖，引入调整后的 Boxplot 理论，将调整后的 Boxplot 中的 Turkey 边界作为 dc 具体数值的参考，符合 Turkey 边界约束的点被认为是邻居；再次，通过这些邻居的散度距离和截断距离之比的指数和，给出局部密度 ρ 的新定义；最后，为了实现中心点的自动选择，用局部密度 ρ 与散度距离的乘积作为判断指标来反映每个点被识别为中心点的可能性。为了验证 NAPC 算法的正确性和有效性，我们在多种数据集上开展了对比验证。

下面对大数据背景下欧氏距离的不足进行简单分析。

4.1.1　相似性传递效应

评估数据点之间的相似性是聚类及诸多数据分析和处理方法中最为重要的一步，相似性度量的有效性直接影响最终的分析和处理效果。因此，相似性度量方法的设计和选择非常重要。

目前存在很多相似性度量方法，根据数据处理的特点，这些方法大致可以分为以下三类：连续变量的相似性度量、离散变量的相似性度量和混合变量的相似性度量。连续变量常用的相似性度量方法包括欧几里得距离、切比雪夫距离、Pearson 相关系数、余弦相似性等。在离散变量的相似性度量方法中，最常用的是源于通信编码领域的汉明距离，其通过计算将一个字符串变换成另一个字符串所需要替换的字符个数，来获得不同字符串之间的相似性。混合变量最直接、有效的相似性度量方法是分别计算离散变量和连续变量的相似性，然后以不同的权重融合两种度量方式下的相似性，以获得最终度量结果。

在上述的相似性度量方法中，欧氏距离在特征空间中具有旋转变换不变性且其计算过程简单、易理解，是使用最广泛的相似性度量方法。然而，欧氏距离也存在一些缺陷。例如，它不考虑数据点之间的角度信息，将所有点放在同一个平面上考察。假设高维空间存在一个数据集，在考虑数据点分布的角度信息的条件下，计算所有有点到某个选定点 O 的距离，使同一几何平面上的各点到点 O 的距离相同，可以获得一个如图 4.1（a）所示的超几何体。

在图 4.1（a）的超几何体中，点 O 是几何中心。大量的高维数据点分散在点 O 周围。通过某个考虑空间角度信息的距离度量可以得到其余点与 O 的距离，距离相等的点位于同一平面上。在图 4.1（a）中，三角形、圆形、菱形、星形表示的高维数据点到 O 的距离分别为 r_1、r_2、r_3、r_4，不同形状的点同时确定了各自所在的平面 α、β、γ、θ。因此，平面 α、β、γ、θ 到 O 的距离也是 r_1、r_2、r_3、r_4。上述超几何体描述了数据点的空间位置分布。然而，在高维空间中刻画数据点的分布并非易事。为了简化数据点分布中的众多复杂因素，欧氏距离对数据点的所有属性一视同仁，忽视属性差异和角度信息来简单计算数据点到 O 的距离。正是上述简化操作使得欧氏距离出现了缺陷，图 4.1（b）简单刻画了该缺陷中的典型代表——相似性传递效应。

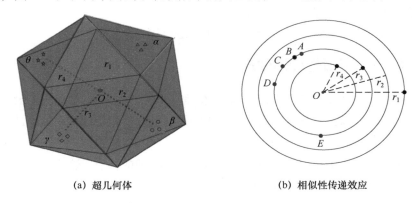

(a) 超几何体　　　　　　　　　　(b) 相似性传递效应

图 4.1　高维空间中的超几何体和相似性传递效应

假设二维空间中存在一个数据集 D，首先计算其余各点到 D 中某个点 O 的欧氏距离，然后将欧氏距离相同的点放在以 O 为中心的同一个圆上，可以得到如图 4.1（b）所示的多个以 O 为中心的圆。圆的半径从外到内分别为 r_1、r_2、r_3 和 r_4。数据集 D 中的 5 个样本点 A、B、C、D、E 散落在以 r_3 为半径的圆上。由于欧氏距离不考虑属性差异，上述 5 个点对样本点 O 来说重要性是一样的，如果这 5 个点中的某一个或两个点被确定为 O 的邻居，那么其他点都可能被视为 O 的邻居。结合图 4.1（b）发现，虽然 A、B、C、D、E 与 O 的欧氏距离都是 r_3，但 A、B、C、D 之间相对较近，而 E 与 A、B、C、D 相对较远。当 A、B、C、D 被确定为 O 的邻居时，将 E 也推断为 O 的邻居是不合理的。同一个圆上的相似性传递效应是欧氏距离的一个缺陷，它削弱了数据点本身的分布差别，使得原本不相似的点被误认为相似。尤其是在数据点分布不规则的情况下，相似性传递效应势必使位于同一个圆上的部分数据点被错误地归入同一个簇。

对于某个分布未知的数据集来说，可能很难获知哪种相似性度量方法是最合适的。因此，完全放弃欧氏距离是不可取的，克服上述相似性传递效应，同时保持欧氏距离的简单性和高适应性，对于欧氏距离本身的发展和提升相似性度量的有效性均具有重要的意义。

4.1.2　人为因素

不同算法各有优势，但是大部分算法都很难避免参数或人为因素的影响。某些人为因素可能会在一定程度上提高聚类的效率，但这些人为因素很难保证聚类的稳定性和准确性。尤其是在大数据的背景下，过多的人为因素大大降低了算法的效率，甚至使算法失去可行性。

例如，聚类算法作为数据挖掘和机器学习中一个强大的数据分析工具，能够将一组数据对象分成多个簇，使同一个簇中的数据对象具有高度的相似性，并尽量与其他簇中的数据对象不相似。聚类和分类之间最大的区别在于是否有监督，虽然大多数聚类算法是无监督的，但是算法中的参数依赖问题仍然令人困扰。密度聚类是最常用的聚类算法之一，不受簇的形状和大小的限制。然而，由于大部分密度聚类算法在相似性度量、中心点选择、参数依赖等方面存在问题且时间复杂性较高，发展遇到了瓶颈。DPC 算法是所有密度聚类算法中成功的代表。其利用一个中心思想来挖掘数据集中的簇，即簇中心的密度高于邻居的密度，并且远离其他高密度的点。然而，DPC 算法也难以避免出现上述问题。例如，基于欧氏距离的相似性度量容易造成邻居误分类，这一点我们已经在相似性传递效应中给出了描述；局部密度 ρ 和聚类结果受截断距离参数 dc 的影响很大；人为地从决策图中选择中心点不适合大数据集。参数依赖和中心点选择是非常显著的两种人为因素，本节以 DPC 算法为例，简要介绍人为因素对 DPC 算法的影响。

（1）参数依赖：算法中的参数依赖是最主要的人为因素，其借助先验知识指导算法运行。不可否认的是，适当参数的引入对算法的运行起到了积极作用。然而，在大多数情况下，参数的值很难确定，且不同数据集下参数的收敛区间也可能不一样。此外，理解和解释参数也是一项具有挑战性的工作。因此，在保持算法的准确性和效率的前提下，最理想的方法是最小化引入参数的量或尽可能不引入参数。

DPC 算法是一种经典的密度峰值聚类算法，它基于两个假设找到数据集中的簇结构：一是聚类中心密度较高；二是高密度点彼此远离。截断距离 dc 是 DPC 算法中的一个重要参数，它的取值在一定程度上决定了 DPC 算法的成败。如果 dc 值过大，则每个数据点的局部密度就会很大，使得算法区分数据点分布差异的能力变差。极端的情况是，当 dc 值大于数据点之间的最大距离值时，所有的点都被划分到同一个聚类中。如果 dc 值太小，则一个大的簇可能会被分割成多个小簇。当 dc 值小于所有点之间的距离值时，每个点自成一簇。文献中给出的解决方案是，所选取的 dc 值要使每个数据点的平均邻居数约为数据点总数的 1%～2%。该解决方案来自经验，并没有从根本上解决 DPC 算法中的参数依赖问题。

在 DPC 算法中，不同的 dc 值直接导致了数据点密度的不同，不同的密度下决策图也会不同。然而，不同的决策图是否会产生不同的聚类结果，取决于用户选择的聚类中心是否存在差异。这种情况下中心点的选择和最终聚类结果的产生是不确定的。因此，DPC 算法对参数 dc 的依赖直接反映在数据点密度和决策图上，图 4.2 以 Smile 数据集为例说明了 DPC 算法对参数 dc 的依赖。

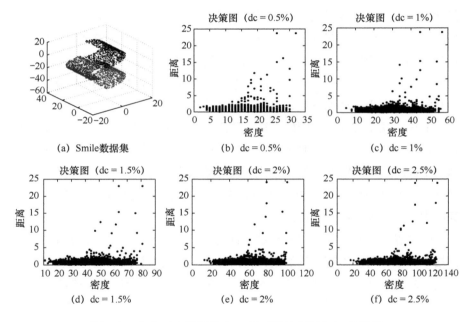

(a) Smile数据集 (b) dc = 0.5% (c) dc = 1%

(d) dc = 1.5% (e) dc = 2% (f) dc = 2.5%

图 4.2 在 Smile 数据集上 DPC 算法对参数 dc 的依赖

图 4.2（a）为包含 3000 个样本点的三维数据集 Smile 的空间分布。该数据集共有 3 个簇，每个簇中的样本数均为 1000。图 4.2（b）～图 4.2（f）为当参数 dc 的值从 0.5% 增加到 2.5% 时，DPC 算法获得的不同决策图。从决策图中可以看出，各个样本点之间的距离（δ）随 dc 的增加变化不明显，在所有决策图中，最大的 δ 值基本为 25。然而，横坐标所示的各点密度（ρ）的最大值从 30 增加到 120，且密度的最小值也随着 dc 的增加而呈现增加的趋势。但总体来说，最小密度值的增幅要小于最大密度值的增幅。此外，在

图 4.2 的 5 个决策图中，数据点的分布情况不同，这说明：不同的 dc 值决定了数据点的密度不同，并最终导致了获得的决策图不同。

（2）中心点选择：DPC 算法在聚类过程中为每个数据集构建决策图并让用户从中指定中心点，然后通过将数据点分配到选定的中心点来获得不同的簇。上述策略能够形象地将数据分布呈现给用户，但仍然存在以下缺陷。

- 不同的用户对同一个决策图可能有不同的理解，因此不同的用户在同一个决策图上会做出不同的决策。如图 4.3（a）所示，分布相对离散的点的距离（δ）和密度（ρ）都比较大，这些点均有可能被用户选为中心点。由于点的分布相对分散，不同的用户从这些候选点中选择的中心点可能不同，从而导致聚类精度出现不同程度的差异。

- 当决策图相对复杂时，人工选择中心点可能会有一些误差。在图 4.3 的 3 个复杂决策图中，某些点的距离和密度明显高于大多数点的距离和密度，并且具有较高距离和密度的点彼此相对分散。上述现象表明：数据集中存在较多的簇且各个簇的规模不同。在实际应用中，由于缺乏先验知识，数据的分布往往是未知的，很难确定哪些点适合作为中心点。决策图既增加了用户决策的难度，又引入了更多的不确定因素。

- 在大数据背景下，数据量无法预测，每生成一个决策图就需要用户人为地挑选中心点，否则算法就无法继续向前推进。在数据量小的情况下，上述步骤的时空成本是可以接受的。但当数据量巨大时，手动选择中心点的时空成本将变得不可估计。为了使算法能够适应大数据集，通过某种不依赖人的方法来选择中心点将成为趋势。

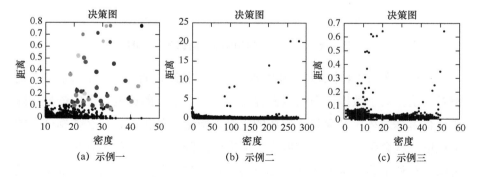

(a) 示例一　　(b) 示例二　　(c) 示例三

图 4.3　复杂决策图

4.1.3　密度度量

DPC 算法利用参数 dc 来确定数据点的邻居，并将邻居数量作为点的密度，主要有以下两点不足。

（1）密度度量的准确性高度依赖参数 dc 的取值，使算法很容易错误地将一些边界点归类为某些点的邻居。

（2）将邻居的数量作为数据点的密度，不利于反映数据分布的稀疏或紧密程度。

图 4.4 为不同 dc 下圆中心点（箭头起点记为 A）的邻居示意图。当 dc=2% 时，欧氏距离度量下点 A 的邻居分布情况如图 4.4（a）所示，此时圆内的点是 A 的邻居，但圆内左下角的部分点作为 A 的邻居明显偏离了其他圆中心点处的邻居。将 dc 的值调整为 1%，如图 4.4（b）所示，实线圆中的点被判定为 A 的邻居。比较图 4.4（a）和图 4.4（b）发现：当 dc 为 1% 时，左下角的点不再被认为是点 A 的邻居。由此可见，DPC 算法的密度度量受参数 dc 的影响很大，其度量精度不稳定。

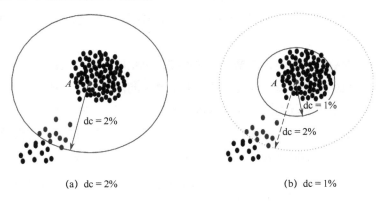

(a) dc = 2%　　　　　　(b) dc = 1%

图 4.4　不同 dc 下圆中心点的邻居示意图

此外，在图 4.4 中，左下角的点分布明显稀疏，而 A 的其他邻居分布则相对紧凑。对于数据分布的紧密程度而言，左下角的这些点也应该被排除在 A 的邻居之外。如果只用邻居的数量来衡量 A 的密度，那么数据分布的稀疏信息就会丢失，使得密度度量的准确性降低。考虑数据分布的稀疏性可以弥补利用参数 dc 确定点的密度带来的一些不足，并获得更精确的密度度量结果。

4.2　关键技术

本节针对 4.1 节陈述的在相似性传递效应、人为因素、密度度量等方面的不足给出了相应的解决方法。

4.2.1　散度距离

为了解决 4.1.1 节所述的相似性传递效应问题，本节对传统欧氏距离进行了提升并定义了散度和散度距离。

1. 重要性排序

在 4.1.1 节给出的图 4.1（b）中，点 A、B、C、D、E 与点 O 的欧氏距离均为 r_3，可以认为点 A、B、C、D、E 对点 O 同等重要。此时，如果随意对 A、B、C、D、E 进行排列组合，则可以获得多个关于 A、B、C、D、E 的序列。以点 A 开头为例，所有以点 A 开头的序列在表 4.1 中给出。

表 4.1　以点 A 开头的序列

序列 1～6	序列 7～12	序列 13～18	序列 19～24
序列 1：ABCDE	序列 7：ACBDE	序列 13：ADBCE	序列 19：AEBCD
序列 2：ABCED	序列 8：ACBED	序列 14：ADBEC	序列 20：AEBDC
序列 3：ABDEC	序列 9：ACDBE	序列 15：ADCBE	序列 21：AECBD
序列 4：ABDCE	序列 10：ACDEB	序列 16：ADCEB	序列 22：AECDB
序列 5：ABECD	序列 11：ACEBD	序列 17：ADEBC	序列 23：AEDBC
序列 6：ABEDC	序列 12：ACEDB	序列 18：ADECB	序列 24：AEDCB

按照表 4.1 的排序方法，对 5 个点任意排序，总共可以获得 120 个不同的序列。这些序列可能会造成一种错误的认知，即图 4.1 中的 5 个点及其所构成的序列具有相同的重要性。然而，从数据分布的稀疏性上来说这些点的重要性显然是不同的，一定存在一个最佳序列能够描述这些点的重要程度。

为了获得最佳序列，我们继续探究图 4.1（b）中点 A、B、C、D、E 之间的相关性。将 A、B、C、D、E 中的每个点都用同一个圆上的其余点来表示，如式（4.1）所示。

$$\begin{cases} A \to AB + AC + AD + AE \\ B \to AB + BC + BD + BE \\ C \to AC + BC + CD + CE \\ D \to AD + BD + CD + DE \\ E \to AE + BE + CE + DE \end{cases} \quad （4.1）$$

在图 4.1（b）中，点 A、B、C、D 之间距离其他点较近，而点 E 离其他点最远。为了进一步探讨式（4.1）中各表达式值之间的关系，这里假设圆的半径 r_3 的值为 5，圆上各点的坐标分别为 $A(-3,4)$，$B(-7/2,\sqrt{51}/2)$，$C(-4,3)$，$D(-9/2,\sqrt{19}/2)$，$E(1/2,-\sqrt{99}/2)$。基于上述坐标值，式（4.1）各表达式的值通过式（4.2）和式（4.3）进行计算。

$$\begin{cases} AB = \sqrt{(-3-(-7/2))^2 + (4-\sqrt{51}/2)^2} \approx 0.6590 \\ AC = \sqrt{(-3-(-4))^2 + (4-3)^2} \approx 1.4142 \\ AD = \sqrt{(-3-(-9/2))^2 + (4-\sqrt{19}/2)^2} \approx 2.3589 \\ AE = \sqrt{(-3-1/2)^2 + (4-(-\sqrt{99}/2))^2} \approx 9.6332 \\ BC = \sqrt{(-7/2-(-4))^2 + (\sqrt{51}/2-3)^2} \approx 0.7588 \\ BD = \sqrt{(-7/2-(-9/2))^2 + (\sqrt{51}/2-\sqrt{19}/2)^2} \approx 1.7134 \\ BE = \sqrt{(-7/2-1/2)^2 + (\sqrt{51}/2-(-\sqrt{99}/2))^2} \approx 9.4355 \\ CD = \sqrt{(-4-(-9/2))^2 + (3-\sqrt{19}/2)^2} \approx 0.9609 \\ CE = \sqrt{(-4-1/2)^2 + (3-(-\sqrt{99}/2))^2} \approx 9.1569 \\ DE = \sqrt{(-9/2-1/2)^2 + (\sqrt{19}/2-(-\sqrt{99}/2))^2} \approx 8.7284 \end{cases} \quad （4.2）$$

$$\begin{cases} A \to 0.6590 + 1.4142 + 2.3589 + 9.6332 \approx 14.0653 \\ B \to 0.6590 + 0.7588 + 1.7134 + 9.4355 \approx 12.5667 \\ C \to 1.4142 + 0.7588 + 0.9609 + 9.1569 \approx 12.2908 \\ D \to 2.3589 + 1.7134 + 0.9609 + 9.1569 \approx 13.7616 \\ E \to 9.6332 + 9.4355 + 8.7284 + 8.7284 \approx 36.9540 \end{cases} \quad （4.3）$$

在式（4.3）中，点 E 对应的近似值最大，点 C 对应的近似值最小，而在图 4.1（b）中，点 E 远离其余点，点 C 相对位于这 5 个点的中心，由此可得：式（4.3）中各点对应的近似值大小与数据分布的远近程度基本一致。将点 A、B、C、D、E 按式（4.3）的值升序排列，得到了序列 $CBDAE$，在本章中该序列被称为重要性排序，简记为 IR。通过确定序列 $CBDAE$，可以在 A、B、C、D、E 5 个点之间做区分。在该序列 IR 下点 C 的重要性是最大的，其位于这些点的中间位置，从 C 到 E 重要性依次减小，且 E 的重要性最小，其相对远离其余 4 个点。由此可见，IR 能够借助数据点之间的欧氏距离反映数据分布的集中程度。以上述 IR 为基础，下面进一步分析 IR 下的散度距离。

2. 散度和散度距离

在 IR 中，各点是根据集中程度进行排序的。它反映了各点的欧氏距离的发散程度，即散度。在散度的作用下，C 和 O 之间的欧氏距离似乎被拉近了，而 E 和 O 之间的欧氏距离似乎被推远了。因此，利用 IR 可以对数据点之间的欧氏距离进行调整，从而获得散度距离。

通过对 IR 的相关描述可以知道，获得 IR 的前提是先确定位于同一个圆上的点。然而，对于一个未知的数据集，以某一点 O 为中心点的圆上存在的点可能很少甚至没有。在这种情况下，需要多次改变圆的半径来获得不同的圆，或者放弃点 O 来选择一个新的中心点。上述情况增加了时空开销。在实际应用中常见做法是，将分布在中心点 O 一定范围内的点作为点 O 的邻居且邻居之间彼此相似。如果点 O 被归入某个簇，那么其邻居也可能被划分到点 O 所在的簇中。受到上述启发，我们将 IR 计算的目标点从在同一个圆上扩大到在同一个圆内（圆的确定方法将在 4.2.2 节中详细阐述），下面给出基于 IR 的散度和散度距离的有关定义。

定义 4-1 散度 DV（Divergence）：对于一个包含 n 个样本点的数据集 D，其中有 m 个点 $p_1, p_2, \cdots, p_i, \cdots, p_m$ 出现在同一个圆内。点 p_i 可以用点 $p_k\,(1 \leqslant k = i \leqslant m < n)$ 到它的欧氏距离来表示，则点 p_i 的散度记作 $\mathrm{DV}(p_i)$，可以通过以下公式计算：

$$\mathrm{DV}(p_i) = \frac{\mathrm{Eu}(p_1, p_i) + \mathrm{Eu}(p_2, p_i) + \cdots + \mathrm{Eu}(p_m, p_i)}{\xi \cdot d} = \frac{\sum\limits_{k=1, k \neq i}^{m} \mathrm{Eu}(p_k, p_i)}{\xi \cdot d} \quad (4.4)$$

在上式中，$\mathrm{Eu}(p_k, p_i)$ 是 p_k 和 p_i 之间的欧氏距离；d 是点 $p_1, p_2, \cdots, p_i, \cdots, p_m$ 所在圆的直径；ξ 是累加次数，则 $\xi = m - 1$；$\mathrm{Eu}(p_k, p_i) \in [0, d]$。因此，$\mathrm{DV}(p_i) \in [0, 1]$。

以图 4.1（b）中的点 A 为例，其表示为 AB、AC、AD 和 AE 线段之和（欧氏距离）。因此，$\mathrm{DV}(A) = (\mathrm{Eu}(A,B) + \mathrm{Eu}(A,C) + \mathrm{Eu}(A,D) + \mathrm{Eu}(A,E))/(4 \times 10) = 14.0653/40 \approx 0.3516$。同理，$\mathrm{DV}(B) \approx 0.3142$，$\mathrm{DV}(C) \approx 0.3073$，$\mathrm{DV}(D) \approx 0.3440$，$\mathrm{DV}(E) \approx 0.9239$。

根据上述散度 $\mathrm{DV}(p_i)$，可以进一步对数据点之间的欧氏距离进行调整，从而获得散度距离。

定义 4-2 散度距离 DVdis（Divergence Distance）：根据定义 4-1 中的散度，将点 p_i 和 p_j 之间的散度距离记为 $\mathrm{DVdis}(p_i, p_j)$，计算公式如下：

$$\mathrm{DVdis}(p_i, p_j) = \mathrm{Eu}(p_i, p_j) - \exp(-((\mathrm{DV}(p_i) - \mathrm{DV}(p_j))^2) \quad （4.5）$$

在定义 4-2 中，点 p_i 和 p_j 之间的散度距离由两部分组成。第一部分是 p_i 和 p_j 之间的欧氏距离，第二部分是二者之间散度差的负指数。当点 p_i 和 p_j 在欧氏空间的分布相似时，欧氏距离减去相对较大的带散度的调整值使点 p_i 和 p_j 的欧氏距离似乎被拉近了，从而得到散度距离。由此可见，点 p_i 和 p_j 的散度距离与二者之间的散度差成反比。

4.2.2　无参数处理

本节将提供一个策略来确定位于同一个圆内的点，并解决对参数 dc 依赖的问题。

根据聚类的目标，一个点与同一个簇中的点之间的相似性高于与簇外其他点之间的相似性。那么，簇外的点在某种程度上可以视为这个簇的噪声点或离群点。簇内的点彼此相隔较近，与簇外的点距离较远。如果计算所有点与簇中心之间的距离或距离差，并将这些距离或距离差值按升序排列，则从一个特定的点开始，距离值或距离差值可能会有明显的增加。这个特定的点就是簇边界，簇边界以外的点可以视为该簇的离群点，而簇边界以内的点彼此互为邻居。因此，如果能够发现相对于某个簇的离群点，那么这个簇的成员就可以被找到。这里以 UCI 数据集（Iris）和人工数据集（FourCluster）为例，探究确定簇的离群点和成员的具体策略。

图 4.5（a）和图 4.6（a）分别展现了数据集 Iris 和 FourCluster 中的第一个点和其他点之间的欧氏距离值曲线。图 4.5（b）和图 4.6（b）分别为对图 4.5（a）和图 4.6（a）中的距离值进行升序排列后获得的距离值曲线。以图 4.5（b）和图 4.6（b）中排序后的距离值为基础，分别计算后一个距离值与其前一个距离值的差值，从而获得如图 4.5（c）和 4.6（c）所示的距离差值曲线。

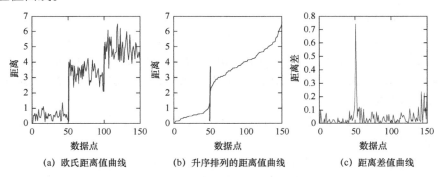

(a) 欧氏距离值曲线　　　　(b) 升序排列的距离值曲线　　　　(c) 距离差值曲线

图 4.5　Iris 数据集上排序后的距离值和距离差值曲线

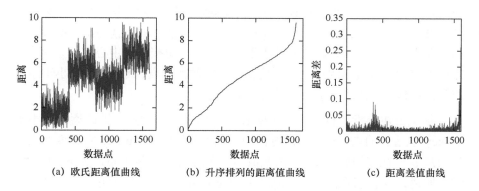

图 4.6　FourCluster 数据集上排序后的距离值和距离差值曲线

在如图 4.5 所示的所有曲线中，横坐标 50 处的曲线值变化较为明显，这个位置就是数据集 Iris 中第一个点所在簇的簇边界。在图 4.6（b）中，曲线没有显示出明显的变化特征。在图 4.6（c）中，当横坐标在 400 左右时，曲线呈现出明显上升的趋势，所以这个区域也是 FourCluster 中第一个点所在簇的簇边界。因此，Iris 中位于横坐标 50 之前的点和 FourCluster 中位于横坐标 400 之前的点分别是上述两个数据集中第一个点的邻居。对比上述两组距离值和距离差值曲线发现：距离差值更有助于发现簇边界。因此，本章利用距离差值来确定位于同一个圆内的点并获得参数 dc 的具体数值。

在密度聚类方法中，大多数点是位于高密度区域的，因此数据分布是偏向高密度区域的。为了借助距离差值找到相对于某个簇的离群点，这里引入了调整后的箱线图（Adjusted Boxplot）理论。Adjusted Boxplot 是衡量带偏数据分布的常用工具，其最重要的应用之一就是寻找数据中的噪声点或离群点。在 Adjusted Boxplot 中，数据分布在 Turkey 边界［见式（4.6）］以外的点被视为离群点。

$$\begin{cases} [Q_1 - 1.5\mathrm{e}^{-4\mathrm{mc}} \cdot \mathrm{IQR},\ Q_3 + 1.5\mathrm{e}^{3\mathrm{mc}} \cdot \mathrm{IQR}],\ \mathrm{mc} \geqslant 0 \\ [Q_1 - 1.5\mathrm{e}^{-3\mathrm{mc}} \cdot \mathrm{IQR},\ Q_3 + 1.5\mathrm{e}^{4\mathrm{mc}} \cdot \mathrm{IQR}],\ \mathrm{mc} < 0 \end{cases} \quad （4.6）$$

在上述 Turkey 边界中，Q_1 是数据的第 1 个四分位数，Q_3 是数据的第 3 个四分位数，IQR 是四分位距，即 $\mathrm{IQR} = Q_3 - Q_1$。mc 是数据的偏度。如果 mc 大于 0，则数据分布向右倾斜；如果 mc 小于 0，则数据分布向左倾斜。

基于上述 Adjusted Boxplot 理论，本章首先随机选择一个样本点 p_i 作为中心点，然后计算所有样本点到中心点 p_i 的距离并按升序排列，接着计算序列中相邻距离值的差值。由图 4.5 和图 4.6 对距离差值的讨论可以知道：距离差值是有利于发现簇以外的离群点的，因此将上述距离差值作为新的样本点。在新的样本点中通过计算相应的 Turkey 边界可找到选定中心点 p_i 对应的离群点。在式（4.6）中，任何超出左、右边界的点都被认为是离群点。然而，在本章的应用中，距离差值小于左边界的点更接近于中心点 p_i。因此，距离差值大于右边界的点被认为是 p_i 所在簇的离群点，而距离差值小于左边界的点被认为是中心点 p_i 周围紧密分布的点。

基于上述分析，首先确定了中心点 p_i 所在圆内的点，即距离差值小于 Turkey 左边界的点。在本节的方法中，距离差值大于 Turkey 右边界的点被认为是 p_i 所在簇的离群点，距离差值小于 Turkey 右边界的点即为 p_i 的邻居。综上所述，点 p_i 所在的圆（Ring_i）及点 p_i 的 dc 值的计算方法如下：

$$\text{Ring}_i = \begin{cases} Q_1 - 1.5\mathrm{e}^{-4\text{mc}} \cdot \text{IQR}, & \text{mc} \geqslant 0 \\ Q_1 - 1.5\mathrm{e}^{-3\text{mc}} \cdot \text{IQR}, & \text{mc} < 0 \end{cases} \quad (4.7)$$

$$\text{dc}_i = \begin{cases} Q_3 + 1.5\mathrm{e}^{3\text{mc}} \cdot \text{IQR}, & \text{mc} \geqslant 0 \\ Q_3 + 1.5\mathrm{e}^{4\text{mc}} \cdot \text{IQR}, & \text{mc} < 0 \end{cases} \quad (4.8)$$

在式（4.7）和式（4.8）中，Q_3 是点 p_i 的距离差值的第 3 个四分位数，Q_1 是点 p_i 的距离差值的第 1 个四分位数，$\text{IQR}=Q_3-Q_1$，mc 是 p_i 的距离差值的偏度。将位于距离差值曲线中 Ring_i 位置之前的点放入以 p_i 为中心点的圆内，调整同一圆内点的欧氏距离。将位于距离差值曲线中 dc_i 位置之前的点作为点 p_i 的邻居来计算 p_i 的密度（具体计算方法将在 4.2.3 节中介绍）。

4.2.3 密度度量

4.2.2 节中给出了确定每个点的 dc 和邻居的方法。本节在上述工作的基础上，对每个点的邻居和密度给出了具体定义。

定义 4-3 邻居 NP（Neighbors of Points）：对于具有 n 个样本点的数据集 D，假设点 p_i 到 D 中其他点的散度距离为 $\text{DVdis}(p_i, p_j)$，$1 \leqslant j \neq i \leqslant n$；$p_i$ 对应的排序距离为 $\text{SortDVdis}(p_i, p_j)$，在 $\text{SortDVdis}(p_i, p_j)$ 中后一点与前一点的距离差为 $\text{Diff SortDVdis}(p_i, p_j)$，则点 p_i 的邻居（记为 $\text{NP}(p_i)$）满足以下条件：

$$\begin{cases} \text{DiffSortDVdis}(p_i, p_j) < \text{dc}_i \\ L_{p_i} < L_{\text{dc}_i} \end{cases}, 1 \leqslant j \neq i \leqslant n \quad (4.9)$$

在式（4.9）中，dc_i 是点 p_i 的截断距离；L_{p_i} 是点 p_i 在距离差值曲线 DiffSortDVdis 中的位置标签；L_{dc_i} 是点 p_i 对应的截断距离在距离差值曲线中的位置标签。在距离差值曲线上找到第一个不满足 p_i 的 dc_i 约束的点，然后将距离差值曲线中位于此点之前的所有点视为 p_i 的邻居。

定义 4-4　局部密度 ρ_i：对于 p_i 的邻居 $\text{NP}(p_i) = \{p_1, p_2, \cdots, p_j, \cdots, p_J\}$，$J$ 是点 p_i 的邻居数量，点 p_i 的局部密度计算公式如下：

$$\rho_i = \sum_{j=1}^{J} e^{-\left(\frac{\text{DiffDVdis}(p_i, p_j)}{\text{dc}_i}\right)}, \quad p_j \in \text{NP}(p_i) \tag{4.10}$$

在上述定义中，考虑到散度距离的值可能为负数，因此，ρ_i 在实数范围内是一个单调递增函数，且 ρ_i 与散度距离成反比，并与 dc_i 成正比。具体来说，一个点的邻居越多且邻居分布越集中，该点的密度就越大。与传统的方法相比，本章所提出的局部密度计算方法，融合散度距离和各点对应的截断距离来衡量各点的局部密度，更能反映数据分布的稀疏性。

4.2.4　自动中心点选择

为了克服人工选择簇中心的不足，本节通过评价指数来获得簇中心数量的上限，最终实现簇中心的自动选择。

1. 评价指数

相关研究显示，簇中心具有高密度和长距离的特点。为了自动获得簇中心，本节根据簇中心的上述特点构建一个评价指数 Z_i，使得在该评价指数下越靠近簇中心的点，Z_i 值越大。

定义 4-5　评价指数 Z_i：存在一个包含 n 个样本点的数据集 D，对于任意 $p_i \in D, 1 \leq i \leq n$，有

$$Z_i = \rho_i \cdot \min(\text{DVdis}(p_i, p_j)), \quad \rho_i < \rho_j, \ 0 \leq i, \ j \leq n \tag{4.11}$$

式中，ρ_i 是 p_i 的局部密度，计算方法已在式（4.10）中给出了；$\min(\text{DVdis}(p_i, p_j))$ 是点 p_i 到局部密度大于 p_i 的点的最近散度距离。

由式（4.11）可知，簇中心的评价指数要比其他点的评价指数高得多。因此，簇中心的评价指数相对较大且数量较少。如图 4.7（a）所示，黑色点是 Iris 数据集中各点的 Z_i 值经升序排列后得到的，其中点 A、B、C 的 Z_i 值要比其他点大得多，则点 A、B、C 为簇中心的可能性很大。

2. 中心上边界

为了从各点的 Z_i 中发现簇中心，本节引入一种基于统计的方法来获得中心上边界，如图 4.7 中的虚线所示，中心上边界以上的点被自动选择为簇中心。

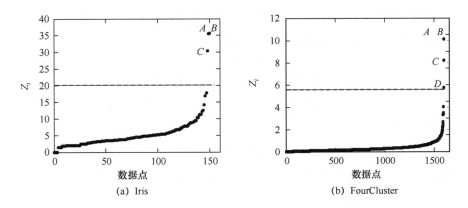

图 4.7　不同数据集上的 Z_i 曲线

假设评价指数 Z_i 大致服从指数分布，μ 和 σ 分别是这个指数分布的均值和标准差，则当点 p_i 的评价指数 Z_i 满足以下条件时，p_i 将被自动识别为簇中心。

$$Z_i > \mu_{Z_i} + e \cdot \sigma_{Z_i} \tag{4.12}$$

图 4.7 中的虚线分别是数据集 Iris 和 FourCluster 的中心上边界。图 4.7（a）中的点 A、B、C 和图 4.7（b）中的点 A、B、C、D 都在虚线之上，因此这些点分别是数据集 Iris 和 FourCluster 的簇中心。

4.3　密度聚类算法

本节以 4.2 节中给出的有关解决方案为基础，提出了散度距离及其无参密度聚类方法——NAPC 算法，该方法可利用散度距离空间度量数据点的相似性，实现中心点的自动选择。

4.3.1　算法流程

NAPC 算法的第一步是计算各点之间的散度距离。首先根据各点之间的欧氏距离获得散度，然后在散度的指导下调整欧氏距离值获得散度距离。算法 4.1 展示了散度距离计算的具体步骤。

算法 4.1　散度距离计算

输入：数据集 D

输出：散度距离矩阵 **DVdis**

1: $n=|D|$;　　　//n 为数据集 D 的样本数

2: While $\exists p_i \in D, p_i.\text{Visit} = \text{FALSE}$　do

3:　for ($j=1; j<n; j++$)　do

4:　　if($p_i.\text{Visit}=\text{TRUE}$) then

5:　　　Continue;

6:　　else

7:　　　Calculate Eu(p_i, p_j);　//计算点 p_i 和 p_j 之间的欧氏距离

8:　　　Put Eu(p_i, p_j) into **Eudis**(p_i);　//**Eudis**(p_i)为与点 p_i 相关的欧氏距离矩阵

9:　　end if

10:　end for

11:　SortEudis(p_i)=Sort (**Eudis**(p_i)) ;　//将 **Eudis**(p_i)中的值按升序排列并复制给 SortEudis(p_i)

12:　DiffSortEudis(p_i);　//计算 SortEudis(p_i)中相邻点的距离差 DiffSortEudis(p_i)

13:　Obtain Ring$_i$;　//根据式（4.7）确定点 p_i 所在的圆

14:　$M=|\textbf{Eudis}(p_i)|$;　//获得 **Eudis**(p_i)中元素的个数

15:　for ($m=1; m<M; m++$)　do

16:　　if (DiffSortEudis(m)<Ring$_i$)　then

17:　　　Put p_m into the subset RD;　//RD 记录同一个圆中点的数量

18:　　else

19:　　　Break;

20:　　end if

21:　end for

22:　if |RD|<M　then

23:　　Set $p_m.\text{Visit}=\text{TRUE}$;

24:　　Generate DV(p_i) ;　//根据式（4.4）计算点 p_i 的散度

25:　　$S=|\text{RD}|$;

26:　　for ($s=1; s<S; s++$)　do

27:　　　Calculate DVdis(p_i, p_s) ;　//根据式（4.5）计算点 p_i 与 p_s 之间的散度距离

28:　　end for

29:　else

30:　　RD=Null;

31:　end if

32: end While

在算法 4.1 中，n 是数据集 D 的样本数；$p_i.\text{Visit}$ 是点 p_i 的访问标志。当 $p_i.\text{Visit} = \text{TRUE}$ 时，表明不能继续访问 p_i；当 $p_i.\text{Visit} = \text{FALSE}$ 时，表明可

以访问 p_i。$\mathbf{Eudis}(p_i)$ 用于存放点 p_i 与数据集 D 中其他未访问点之间的欧氏距离，因此每次循环中 $\mathbf{Eudis}(p_i)$ 的元素数是不相同的。Ring_i 用来确定点 p_i 所在的圆，计算方法如式（4.7）所示。DiffSortEudis$(m)<\mathrm{Ring}_i$ 意味着 p_i 和 p_m 之间的距离差小于 Ring_i 的半径。当点满足上述条件且 RD 中的元素少于 D 中未访问点的数量时（|RD|<M），RD 中的点可以被视为在同一个圆内，RD 中的点被用来计算点 p_i 的散度。从上面的分析可以看出：散度距离矩阵计算不需要访问所有的数据点对，而且在每次循环中都不需要重复访问已标记的点。因此，算法 4.1 的时间复杂度近似于 O(n)。

算法 4.2　无参数处理

输入：散度距离矩阵 **DVdis**

输出：截断距离矩阵 **DC**

1: for (i=1; $i<n$; i++)　do
2:　　SortDVdis(p_i=)=Sort(**DVdis**(p_i:));　//按行对 **DVdis** 中的元素进行降序排列
3:　　Calculate DiffSortDVdis(p_i:);　//计算 SortDVdis(p_i:)中相邻点的距离差
4:　　Find NP(p_i));　//根据式（4.9）获得点 p_i 的邻居
5:　　if (NP(p_i)==n)　then
6:　　　i=i+1;
7:　　　**DC**(p_i)=Null;
8:　　　Break;
9:　　else
10:　　　Calculate dc_i;　//根据式（4.8）获得点 p_i 的截断距离值
11:　　　**DC**(p_i)=dc_i;
12:　　end if
13: end for
14: for (i=1;$i<n$;i++)　do
15:　　if (**DC**(p_i)==null) then
16:　　　**DC**(p_i)=**DC**(p_j)，$p_j \in \mathrm{NP}(p_i)$;
17:　　end if
18: end for

算法 4.2 将算法 4.1 中得到的散度距离矩阵 **DVdis** 作为输入。首先，将散度距离矩阵中的元素按行排序（算法 4.2 第 2 行）；其次，计算相邻点的距离差（算法 4.2 第 3 行）；最后，按行将距离差带入式（4.8）以获得每个

点的截断距离 dc_i（算法 4.2 第 4～18 行）。为了得到每个点对应的 dc_i，需要对 **DVdis** 中的散度距离排序，最坏情况下的时间复杂度为 $O(n^2)$。对于某些点，排序后的距离值所对应的距离差值可能变化不大，导致这些点的邻居数量可能很多，甚至相当于所有数据点的数量（算法 4.2 中的第 5～8 行）。在这种情况下，只进行一次样本中心点选择可能不可取，因此将这些点的 dc_i 值设置为空，最后用其最近邻居的 dc_i 值来代替它（算法 4.2 中的第 14～18 行）。

前面已经介绍了评价指数 Z_i，并根据 Z_i 获得了中心上边界，实现了自动中心点选择。具体过程在算法 4.3 中给出。

算法 4.3　自动中心点选择

输入：散度距离矩阵 **DVdis**；截断距离矩阵 **DC**

输出：评价指数 Z_i；中心上边界 UB

1: $n=|\mathbf{DC}|$;

2: for (i=1; $i<n$; i++)　do

3:　Calculate ρ_i;　//根据式（4.10）计算点 p_i 的局部密度 ρ_i

4: end for

5: for (i=1; $i<n$; i++)　do

6:　for (j=1; $j<n$; j++)　do

7:　　$\delta_i = \min(\mathbf{DVdis}(p_i, p_j))$, $\rho_i < \rho_i$;

8:　end for

9:　Compute Z_i;　//根据式（4.11）计算点 p_i 的评价指数

10: end for

11: Sort(Z_i);　//将所有点的评价指数降序排列

12: Obtain UB;　//根据式（4.12）获得中心上边界

算法 4.3 在新定义的散度距离下计算每个点的局部密度（算法 4.3 第 2～4 行）并获得评价指数（算法 4.3 第 5～10 行），然后根据评价指数获得中心上边界（算法 4.3 第 11～12 行）。其中，计算局部密度和评价指数需要的时间复杂度分别为 $O(n)$ 和 $O(n^2)$；获得中心上边界时需要对 Z_i 进行排序；其时间复杂度为 $O(n\log_2 n)$；因此，算法 4.3 的总体时间复杂度近似于 $O(n^2)$。

在上述工作的基础上，一种新的密度聚类算法——NAPC 算法被提出来了。NAPC 算法的具体过程如算法 4.4 所示。

算法 4.4　NAPC 算法

输入：数据集 D

输出：簇中心集合 c；聚类结果 C

1: $n=|\mathbf{DC}|$；

2: 根据算法 4.1 计算 **DVdis**；

3: 根据算法 4.2 获得截断距离矩阵 **DC**；

4: 根据算法 4.3 获得评价指数 Z_i 和中心上边界　；

5: for (i=1; $i<n$; i++)　do

6:　　if($Z_i>$UB)　then

7:　　　　Put p_i into c;　//点 p_i 被视为簇中心放入集合 c

8:　　end if

9: end for；

10: 将剩余样本点划分到其最近中心所在的集合，获得最终聚类结果 C；

4.3.2　算法分析

本章在传统欧氏距离的基础上提出了散度距离并针对 DPC 算法中某些不足提出了一种新的无参密度聚类算法 NAPC。因此，在 NAPC 算法的时空复杂度分析上，本节将其与 DPC 算法的时空复杂度进行对比分析。

DPC 算法空间复杂度为 $O(n^2)$，其中 n 是数据集的样本数，上述空间开销主要由存储距离矩阵产生。在 NAPC 算法中，每个点与其他点之间的散度距离矩阵也需要被存储，空间复杂度为 $O(n^2)$；此外，NAPC 算法也需要存储截断距离矩阵 **DC** 和评价指数 Z_i，它们的空间复杂度均为 $O(n)$。即 NAPC 算法的空间复杂度近似于 $O(n^2)$。因此，NAPC 算法的空间复杂度与 DPC 的空间复杂度相同。

DPC 算法的时间复杂度取决于以下三个方面：①计算各点之间的欧氏距离；②计算各点的局部密度 ρ_i；③获得各点之间的距离。上述每个步骤的时间复杂度均为 $O(n^2)$，因此，DPC 算法的总体时间复杂度为 $O(3n^2)$，近似于 $O(n^2)$。

本章 NAPC 算法的时间复杂度取决于以下方面：①散度距离矩阵 **DVdis** 计算的时间复杂度为 $O(n)$。②获得截断距离矩阵，该过程涉及 **DVdis** 矩阵的排序，最坏情况下的时间开销为 $O(n^2)$。③计算各点的局部密度，这个过程需要搜索所有点的邻居，时间复杂度为 $O(J)$（J 是各点的平均邻居数）。一般来说，J 远小于 n，所以搜索 n 个点的邻居需要 $O(J^2)$ 的时间复杂度。此时计算各点局部密度的时间开销也为 $O(J^2)$。④获得各点之间的距离。需要找到密度比当前点大且距离最近的点，时间复杂度为 $O(n^2)$。⑤计算评价指数 Z_i。计算 Z_i 所需要的局部密度和距离已经在③和④中获得了，其时间复杂度为 $O(n)$。综上所述，NAPC 算法的总体时间复杂度为 $O(2n+2n^2+J^2)$，近似于 $O(n^2)$。由此可见，NAPC 算法的总体时间复杂度与 DPC 算法的总体时间复杂度量级相同，均为 $O(n^2)$。

4.4　实验评价

本节基于人工数据集、UCI 数据集及高维数据集，对比分析 NAPC 算法与其他一些聚类算法的性能。

本节实验环境如下：Intel Xeon E-2186M CPU，32 GB 内存，Windows 7 操作系统，并且以 Java 和 MATLAB 为开发工具。

4.4.1　数据描述

为了评估 NAPC 算法的有效性，本节选择了一些具有不同维度、类别和数据量的人工数据集、UCI 数据集及高维数据集进行实验。本节利用 8 个人工数据集评估 NAPC 算法在发现不同形状簇上的性能。实验中涉及的人工数据集如表 4.2 所示。

表 4.2　人工数据集

数据集	样本数/个	属性数/个	簇数/个	数据集	样本数/个	属性数/个	簇数/个
FuzzyX	1000	2	2	Flower	3000	2	10
Zigzag	1000	2	3	Smile	2987	3	3
Parabolic	1000	2	2	Swissroll	4000	3	2
Ring	2160	2	2	Unbalance	6300	2	6

表 4.2 给出了各人工数据集所包含的样本、属性及簇的数量，这些人工数据集的数据分布如图 4.8 所示。如图 4.8(h)所示为不平衡数据集 Unbalance 的分布，其中左侧 3 个小簇的数据量占总数据量的 4.7%，而右侧 3 个大簇的数据量占总数据量的 95.3%。

实验中用到的 UCI 数据集的具体信息在表 4.3 中给出。UCI 数据集可以从 UCI 机器学习资源库和 Keel 资源库中获取。

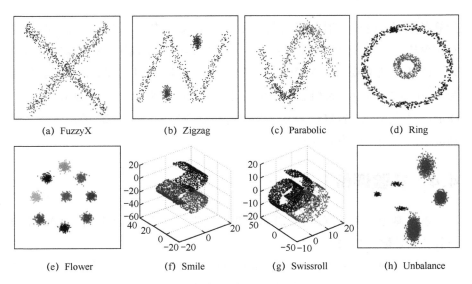

图 4.8　人工数据集的分布

表 4.3　UCI 数据集

数 据 集	样本数/个	属性数/个	簇数/个	数据源	数 据 集	样本数/个	属性数/个	簇数/个	数据源
Iris	150	4	3	UCI	Ionosphere	351	34	2	UCI
Balance-scae	625	4	3	UCI	Breast Cancer	116	9	2	UCI
Blood	748	5	2	UCI	Cmc	1473	9	3	UCI
Spamebase	4601	57	2	UCI	Pendigits	10992	16	10	KEEL

实验中用到的高维数据集如表 4.4 所示。其中，耶鲁大学的 Yale 数据集包含了 15 个人的 165 张人脸灰度图像，在实验中将每张人脸图像转换成了一个 1024 维的向量；LungCancer 和 Bian 是人类基因组数据集，这两个数据集来源于 Keel 资源库；MINIST 数据集是一个著名的手写密码数据集，可从 OpenDataLab 平台下载。

表 4.4　高维数据集

数 据 集	样本数/个	属性数/个	簇数/个	数据源	数 据 集	样本数/个	属性数/个	簇数/个	数据源
Yale	165	1024	15	ASU	Brain	42	5597	5	Keel
LungCancer	181	12533	2	Keel	MINIST	60000	784	10	OpenDataLab

4.4.2　参数选择

以下是本章涉及的比较算法的简单介绍。

（1）Alex Rodriguez 和 Alessandro Laio 提出的 DPC 算法是一种经典的密度聚类算法，该算法可利用决策图的思想快速发现密度峰值和噪声点。DPC 算法克服了不同簇密度差异大、聚类效果不理想及邻域范围设置困难的问题。然而，其效率也受到了一些因素的限制。DPC 算法中涉及的参数为截断距离 dc，本章实验参照相关文献将 dc 的值设置为 1% 和 2%。

（2）模糊加权 K 最近邻–密度峰值聚类（Fuzzy Weighted K-Nearest Neighbors Density Peak Clustering，FKNN-DPC）算法是一种基于 K 近邻算法优化的密度峰值聚类算法，它根据数据点的 K 近邻来定义点的局部密度。FKNN-DPC 算法需要最近的邻居数 K 作为参数来评估点的密度。根据相关文献，当 K 为 7 左右时聚类效果相对较好，在处理分布较密集的数据集时，K 取值应稍大于 7。

（3）加权模糊均值漂移（Weighted Blurring Mean Shift，WBMS）算法解决了传统均值漂移算法不适用于高维数据集的问题。考虑到只有少数特征包含了与数据簇结构相关的有用信息，WBMS 算法通过学习特征权重和加权距离来优化均值漂移算法中的更新规则，从而将均值漂移的优点扩展到高维数据集上。在 WBMS 算法中，参数 h（带宽）和 λ（特征权重的调整系数）用于指导簇的发现。相关文献指出，当 $h \in [0.1, 1]$ 且 $\lambda \in [1, 20]$ 时，算法能够维持的良好性能。为了便于实验比较，本节将参数 λ 固定并考察 h 变化时的聚类结果。

（4）SMK 算法是一种改进的 K-means 算法，它利用了稀疏性和 Min-Max 策略，将的聚类目标重新表述为新的加权群组间平方和（BCSS），改善了其在高维数据聚类中的性能。SMK 算法引入了调整参数 s 来帮助算法自动获得簇数，为了得到 s 的具体数值，采用参数 α 来调整簇的权重。具体做法是，从一个小的 α 开始，每次迭代后 α 增加 α_{step}，直到接近最大值 α_{max}。本章的实验环节将 α_{step} 和 α_{max} 的值分别设置为 0.01 和 0.5。

（5）SPECTACL 算法结合了谱聚类和 DBSCAN 的优点。SPECTACL（Spectral Averagely-dense Clustering）通过加权邻接矩阵的谱聚类自动确定每个簇的密度，适用于处理有噪声数据集和特殊形状数据集。SPECTACL 算法中涉及嵌入维数 d、邻域半径 ε 和最近邻域数 K 三个参数，参考相关文献，将上述参数的值分别确定为 50、0.1、10。

（6）NAPC-Eu 算法和 NAPC-Dv 算法。本章从距离计算、参数选择、密度度量和中心点选择等多个方面对传统 DPC 算法提出了改进。而上述改进都是基于散度距离的，因此本章相关研究的最大贡献在于散度距离的定义。为了更好地验证散度距离的有效性，我们比较了散度距离下的算法（NAPC-Dv）和欧氏距离下的算法（NAPC-Eu）的聚类效果。

（7）K-means 算法是最流行的基于划分的聚类算法，它在每一次运行中将各点分配到 K 个簇中，直到达到收敛条件。参数 K 是影响 K-means 算法性能的一个重要因素，实验中 K 的取值根据表 4.2、表 4.4 和表 4.5 中给出的各数据集上的真实簇数来设置。

上述比较算法在每个数据集上都运行了 10 次，在每次运行结束后，计算各算法的纯度（Purity）、精度（Precision）、召回率（Recall）和 F 值（F-measure），最后将 10 次运行的平均结果作为评价各算法最终性能的指标。

4.4.3　人工数据集上的结果比较

表 4.5 统计了各算法在人工数据集上的聚类结果。其中，粗体部分是各数据集上的最佳聚类结果及其所选定的参数。

表 4.5　人工数据集上的聚类结果

算法和参数取值		数据集	纯度	精度	召回率	F 值
DPC	dc=1%	FuzzyX	0.4600	0.4480	0.3410	0.3229
		Zigzag	0.5890	0.3914	0.5762	0.5141
		Parabolic	0.9170	0.9170	0.9170	0.9170
		Ring	0.6019	0.6838	0.7410	0.6243
		Flower	**1.0000**	**1.0000**	**1.0000**	**1.0000**
		Smile	0.3689	0.2069	0.3673	0.2638
		Swissroll	**1.0000**	**1.0000**	**1.0000**	**1.0000**
		Unbalance	0.0303	0.0202	0.3333	0.0035
	dc=2%	FuzzyX	0.3950	0.4501	0.3952	0.3938
		Zigzag	0.6340	0.4187	0.6001	0.5651
		Parabolic	0.9830	0.9834	0.9830	0.9830
		Ring	0.7264	0.8220	0.7293	0.6644
		Flower	**1.0000**	**1.0000**	**1.0000**	**1.0000**
		Smile	0.6652	0.4777	0.6667	0.5452
		Swissroll	**1.0000**	**1.0000**	**1.0000**	**1.0000**
		Unbalance	**1.0000**	**1.0000**	**1.0000**	**1.0000**
FKNN-DPC	K=7,5,5,5,5,5,5,5	FuzzyX	0.4600	0.4817	0.4609	0.4641
		Zigzag	0.5902	0.4628	0.5766	0.5143
		Parabolic	0.8700	0.8700	0.8700	0.8700

（续表）

算法和参数取值		数据集	纯度	精度	召回率	F 值
FKNN-DPC	K=7,5,5,5,5,5,5,5	Ring	0.6053	0.5521	0.5537	0.5632
		Flower	**1.0000**	**1.0000**	**1.0000**	**1.0000**
		Smile	0.3689	0.2626	0.0879	0.2638
		Swissroll	**1.0000**	**1.0000**	**1.0000**	**1.0000**
		Unbalance	0.3182	0.2222	0.3333	0.3106
	K=**11**,12,**7**,**10**,**7**,**13**,**8**,**11**	FuzzyX	**0.9860**	**0.9860**	**0.9860**	**0.9860**
		Zigzag	0.6340	0.5045	0.6188	0.5851
		Parabolic	**0.9920**	**0.9920**	**0.9920**	**0.9920**
		Ring	**1.0000**	**1.0000**	**1.0000**	**1.0000**
		Flower	**1.0000**	**1.0000**	**1.0000**	**1.0000**
		Smile	**1.0000**	**1.0000**	**1.0000**	**1.0000**
		Swissroll	**1.0000**	**1.0000**	**1.0000**	**1.0000**
		Unbalance	**1.0000**	**1.0000**	**1.0000**	**1.0000**
WBMS	h=0.1,0.1,0.1,0.1,0.1,0.4,**0.2**,0.15	FuzzyX	0.4920	0.4999	0.4950	0.4974
		Zigzag	0.5200	0.5177	0.7954	0.6272
		Parabolic	0.8440	0.8509	0.8440	0.8474
		Ring	0.5153	0.5382	0.5537	0.5458
		Flower	0.9000	0.9000	0.9000	0.9000
		Smile	0.8768	0.9095	0.8773	0.8931
		Swissroll	**1.0000**	**1.0000**	**1.0000**	**1.0000**
		Unbalance	0.8830	0.8965	0.7667	0.8265
	h=0.15,0.15,0.15,0.15,0.15,0.5,**0.3**,0.2	FuzzyX	0.7060	0.7691	0.7860	0.7222
		Zigzag	0.6950	0.7243	0.6714	0.6969
		Parabolic	0.8350	0.8389	0.8350	0.8369
		Ring	0.8190	0.7457	0.7502	0.7479
		Flower	0.8997	0.9000	0.8997	0.8998
		Smile	0.9109	0.9292	0.9113	0.9202
		Swissroll	**1.0000**	**1.0000**	**1.0000**	**1.0000**
		Unbalance	0.9201	0.9351	0.8509	0.8910
SMK	$(\alpha_{step}, \alpha_{max})$=**(0.5,0.01)**	FuzzyX	0.7019	0.7168	0.7015	0.7090
		Zigzag	0.6210	0.6709	0.7331	0.7006
		Parabolic	0.8010	0.8095	0.8010	0.8052
		Ring	0.6907	0.7593	0.7680	0.7636
		Flower	0.9037	0.9350	0.9037	0.9191
		Smile	0.8935	0.9188	0.8940	0.9062
		Swissroll	**1.0000**	**1.0000**	**1.0000**	**1.0000**
		Unbalance	0.8127	0.7641	0.8721	0.8145

（续表）

算法和参数取值		数据集	纯度	精度	召回率	F 值
SPECTACL	$(d,\varepsilon,k)=(50,0.1,10)$	FuzzyX	0.7370	0.7440	0.7370	0.7405
		Zigzag	**0.7490**	0.7670	**0.8182**	**0.7934**
		Parabolic	0.9370	0.9370	0.9370	0.9370
		Ring	**1.0000**	**1.0000**	**1.0000**	**1.0000**
		Flower	**1.0000**	**1.0000**	**1.0000**	**1.0000**
		Smile	0.9692	0.9716	0.9693	0.9705
		Swissroll	**1.0000**	**1.0000**	**1.0000**	**1.0000**
		Unbalance	**1.0000**	**1.0000**	**1.0000**	**1.0000**
NAPC-Eu	—	FuzzyX	0.4920	0.4999	0.4950	0.4974
		Zigzag	0.7060	0.7691	0.7861	0.7222
		Parabolic	0.9260	0.9260	0.9260	0.9260
		Ring	0.7617	0.7291	0.8220	0.7677
		Flower	**1.0000**	**1.0000**	**1.0000**	**1.0000**
		Smile	0.9953	0.9953	0.9953	0.9953
		Swissroll	**1.0000**	**1.0000**	**1.0000**	**1.0000**
		Unbalance	**1.0000**	**1.0000**	**1.0000**	**1.0000**
NAPC-Dv	—	FuzzyX	**0.9860**	**0.9860**	**0.9860**	**0.9860**
		Zigzag	0.7360	**0.8197**	0.8096	0.7475
		Parabolic	**0.9920**	**0.9920**	**0.9920**	**0.9920**
		Ring	**1.0000**	**1.0000**	**1.0000**	**1.0000**
		Flower	**1.0000**	**1.0000**	**1.0000**	**1.0000**
		Smile	**1.0000**	**1.0000**	**1.0000**	**1.0000**
		Swissroll	**1.0000**	**1.0000**	**1.0000**	**1.0000**
		Unbalance	**1.0000**	**1.0000**	**1.0000**	**1.0000**
K-means	$K=4,3,2,2,10,3,\mathbf{2},6$	FuzzyX	0.4600	0.4797	0.4599	0.4611
		Zigzag	0.2030	0.3517	0.1498	0.2799
		Parabolic	0.8260	0.8260	0.8260	0.8260
		Ring	0.5153	0.5026	0.5037	0.5532
		Flower	0.7060	0.7000	0.8060	0.6719
		Smile	0.3328	0.3726	0.3313	0.3504
		Swissroll	**1.0000**	**1.0000**	**1.0000**	**1.0000**
		Unbalance	0.7552	0.7152	0.7547	0.8283

　　如表 4.5 所示，除 NAPC-Eu 和 NAPC-Dv 算法外，所有的对比算法都需要参数控制。在 DPC 算法中，纯度、精度、召回率和 F 值随截断距离 dc 的变化而变化，且 dc 在不同数据集上对聚类结果的影响也存在差异。上述差异

在数据集 Unbalance 上尤为明显，当 dc 从 1%变化到 2%时，F 值从 0.0035 直接增加到 1.0000。由此可见，dc 对 DPC 算法最终聚类结果的影响很大。同样，随着参数的改变，FKNN-DPC 和 WBMS 算法的聚类指标值都会发生不同程度的波动。虽然表 4.5 仅仅统计了 SMK 和 SPECTACL 算法在一组参数值下的聚类结果，但随着参数的改变，上述两个算法的聚类结果也会在一定程度上发生改变。与上述算法相反，NAPC 算法参考了 Adjusted Boxplot 理论来解决 DPC 算法对 dc 的依赖，因此，NAPC-Eu 和 NAPC-Dv 算法都不受参数的影响，聚类结果客观且稳定。

对比表 4.5 中的所有统计结果，大部分粗体标注都集中在算法 FKNN-DPC、SPECTACL 和 NAPC-Dv 上，这表明上述三种算法的聚类效果相对较好。算法 DPC 和 K-means 的表现则相对较差，尤其是在数据集 FuzzyX、Zigzag、Smile 和 Unbalance 上，算法 DPC、K-means 与算法 NAPC-Dv 之间的性能差距更为明显。算法 WBMS 和 SMK 的各指标值在所有算法中处于中间水平。出现上述差异的主要原因可能是，算法 FKNN-DPC、SPECTACL 和 NAPC-Dv 都是基于密度的算法且适合发现不同形状的簇；而算法 WBMS 和 SMK 主要通过特征加权的方法来处理高维数据，因此在寻找不同形状的簇时可能略有不足。比较在本章方法下的两种不同方案 NAPC-Eu 和 NAPC-Dv 发现：在大多数人工数据集上，NAPC-Dv 的性能明显优于 NAPC-Eu。上述现象说明在衡量数据点分布上散度距离比欧氏距离更加有效。

为了进一步说明 NAPC 算法在中心点选择方面的优势，本节以人工数据集为例，比较了 NAPC 算法和 DPC 算法在中心点选择上的差异，比较结果如图 4.9 和图 4.10 所示。

在图 4.9 中，各子图的上半部分是 DPC 算法获得的各数据集对应的决策图，决策图上方的离散点是人为选定的聚类中心；各子图的下半部分是对决策图中选定的聚类中心进行聚类获得的分组结果，其中各簇的中心均由星号标记。在上述子图中，只有数据集 Parabolic、Flower 和 Swissroll 上的簇结构被完整检测出来了。尽管图 4.9 的前四个子图中包含的聚类中心能够从其对应的决策图中正确识别出来，但最终的聚类结果与真实的数据分布存在较大的差异，大量点被错误地分配到了它们的邻近簇中。造成上述现象的主要原因是：DPC 算法利用欧氏距离来度量数据点的相似性可能带来了一定的误差，且其仅仅利用邻居点数作为点的密度无法反映数据分布的真实特征，使得最终聚类结果与真实数据分布存在一定差异。

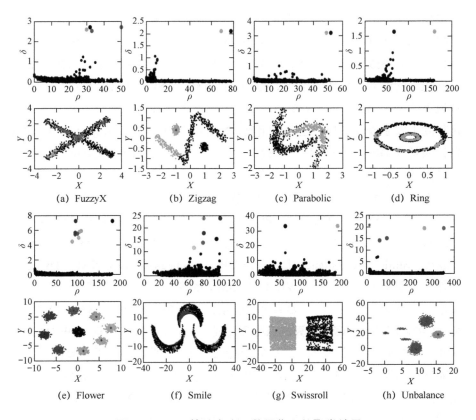

图 4.9　DPC 算法在人工数据集上的聚类结果

图 4.10 展示了 NAPC 算法在人工数据集上的聚类结果，其中各子图的上半部分的加粗直线为各人工数据集的评价指数 Z_i 曲线，在 Z_i 曲线上方的点被 NAPC 算法自动识别为簇中心，各子图的下半部分为利用 Z_i 曲线选定中心后所获得的最终聚类结果，每个簇的中心点同样用星号表示。除了图 4.10（b）Zigzag 数据集上的聚类结果，NAPC 算法准确地发现了其他所有 UCI 数据集上的簇结构。由此可见，NAPC 算法能够更准确地把握数据分布的特征从而实现更高精度的聚类。

比较图 4.9（b）和图 4.10（b）的聚类结果发现，二者的聚类结果存在一定的相似性。在图 4.9（b）Zigzag 数据集的决策图中，只有两个点的距离和密度值都较大，因此这两个点被识别为聚类中心，Zigzag 数据集中的其他聚类中心无法被发现，最终使得 Zigzag 数据集的聚类结果精度较低。而图 4.10 中的所有聚类中心均借助于评价指数 Z_i 获得，且 Z_i 指数下所获得的所有数据集的中心点数量与数据集中存在的真实簇数量相同。除了图 4.10（b）

Zigzag 数据集的最终分组结果与真实簇分布存在差异较大，其余数据集上的分组结果几乎与各数据集上的簇分布一致。上述现象可能表明：NAPC 算法的数据点分配策略可能存在一些缺陷。虽然 NAPC 和 DPC 算法都没有准确完成 Zigzag 数据集上的分组任务，但 NAPC 算法的准确率更高。

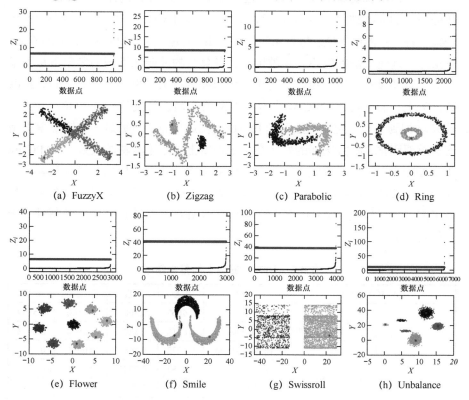

图 4.10　NAPC 算法在人工数据集上的聚类结果

进一步观察图 4.9（h）Unbalance 数据集的决策图发现，不同簇中心的密度和距离值差异很大，使得决策图中点的分布分散，决策图相对复杂，上述现象出现的原因是：Unbalance 数据集中各分组的成员数量差异很大，使得不同分组的密度和距离值也差异大。在上述情况下，一旦用户选择的聚类中心出现偏差，DPC 算法可能无法获得准确的聚类结果。图 4.10（h）中的聚类中心可以通过 Z_i 曲线准确识别出来，并能在不平衡的数据集中正确聚类，降低了用户决策的难度，从而在一定程度上解决了 DPC 算法中的人为依赖问题。

4.4.4 真实数据集上的结果比较

为了进一步验证 NAPC 算法的性能，本节选择了一些具有不同样本数、维度和分组的真实数据集（UCI）进行了实验。表 4.6 统计了各算法在 UCI 数据集上的聚类结果，表中各参数的含义与表 4.5 相同，粗体仍然表示各数据集上各指标的最优值。与表 4.5 的结论相同的是，除 NAPC-Eu 和 NAPC-Dv 算法外，其他算法都离不开参数控制，各算法的性能在不同的参数下是不稳定的，某些算法在不同参数下的聚类结果差异很大。例如，在 Balance-scale 数据集上，当 FKNN-DPC 算法的参数 K 为 2 时，纯度值为 0.0052；而当参数 K 增加到 5 时，纯度值上升到 0.6768。由此可见，参数是一个影响聚类精度的重要因素，参数选择的好坏在一定程度上决定了算法的成败。NAPC-Eu 和 NAPC-Dv 算法的聚类过程不受参数的影响，聚类结果相对稳定和客观。此外，NAPC-Dv 算法下被加粗的指标值在所有对比算法的相同数据集上是最多的，最低值也在 0.6 以上，这意味着 NAPC 算法的整体性能较高且优于其他对比算法。

表 4.6　UCI 数据集上的聚类结果

算法和参数取值		数据集	纯度	精度	召回率	F 值
DPC	dc=1%	Iris	0.6667	0.5000	0.6100	0.5859
		Ionosphere	0.6410	0.3205	0.5000	0.5008
		Balance-scale	0.0032	0.6667	0.0676	0.0059
		Breast cancer	0.4483	0.2242	0.5000	0.2775
		Blood	0.7620	0.3810	0.5000	0.6591
		Cmc	0.3001	0.3619	0.3071	0.3192
		Spamebase	0.6060	0.3030	0.5000	0.4573
		Pendigits	0.7056	0.7393	0.6877	0.6930
	dc=2%	Iris	0.6667	0.5000	0.6100	0.5859
		Ionosphere	0.6410	0.3205	0.5000	0.5008
		Balance-scale	0.2720	1.0000	0.2134	0.0495
		Breast cancer	0.4483	0.2242	0.5000	0.2775
		Blood	0.7620	0.3810	0.5000	0.6591
		Cmc	0.4141	0.5102	0.4412	0.4312
		Spamebase	0.6060	0.3030	0.5000	0.4573
		Pendigits	0.7119	0.7469	0.6899	0.6979
FKNN-DPC	K=5,5,2,7,5,3,5,8	Iris	0.6067	0.5000	0.5900	0.5959
		Ionosphere	0.6695	0.3305	0.5000	0.5173

（续表）

算法和参数取值		数据集	纯度	精度	召回率	F 值
FKNN-DPC	K=5,5,2,7,5,3,5,8	Balance-scale	0.0052	0.6767	0.0686	0.0061
		Breast cancer	0.4183	0.2042	0.5000	0.2595
		Blood	0.7620	0.3810	0.5000	0.6591
		Cmc	0.2901	0.3421	0.2951	0.2921
		Spamebase	0.6060	0.3774	0.5000	0.4573
		Pendigits	0.7115	0.7433	0.6877	0.6930
	K=7,**8**,5,8,7,8,7,10	Iris	0.7333	0.8519	0.6944	0.7084
		Ionosphere	0.7550	**0.8617**	0.6825	0.7302
		Balance-scale	0.6768	0.5416	0.5522	0.7359
		Breast cancer	0.6207	0.6220	0.5986	0.6012
		Blood	0.7620	0.3710	0.5000	0.6541
		Cmc	0.5757	0.5797	0.5783	0.5767
		Spamebase	0.7651	0.8202	0.7096	0.7417
		Pendigits	0.7119	0.7469	0.6899	0.6979
WBMS	h=0.05,0.5,0.2,0.15, 0.15,0.4,0.65,0.1	Iris	0.8267	0.8687	0.8378	0.8530
		Ionosphere	0.6439	0.8214	0.5040	0.6247
		Balance-scale	0.6086	0.5082	0.5545	0.5303
		Breast cancer	0.5087	0.5262	0.5263	0.5262
		Blood	0.7233	0.5831	0.5596	0.5711
		Cmc	0.4202	0.4302	0.4248	0.4275
		Spamebase	0.6062	0.8031	0.5002	0.6165
		Pendigits	0.7126	0.7547	0.6939	0.7230
	h=0.1,0.55,0.25,0.2, 0.2,0.45,0.7,0.1	Iris	0.6670	0.5000	0.6111	0.5500
		Ionosphere	0.6439	0.5482	0.3360	0.4166
		Balance-scale	0.5808	0.4703	0.6697	0.5525
		Breast cancer	0.5517	0.7679	0.5357	0.6311
		Blood	0.8075	0.8737	0.5994	0.7110
		Cmc	0.5680	0.5674	0.5739	0.5706
		Spamebase	**0.7990**	**0.8749**	**0.7473**	**0.8061**
		Pendigits	0.7711	0.7916	0.7573	0.7741
SMK	$(\alpha_{step}, \alpha_{max})=$ (0.5,0.01)	Iris	0.8456	0.8506	0.8489	0.8497
		Ionosphere	0.6686	0.8079	0.6463	0.7182
		Balance-scale	0.8672	0.6402	0.7792	0.7029
		Breast cancer	0.5345	0.6737	0.5745	0.6202
		Blood	0.7821	0.6966	0.6832	0.6898
		Cmc	0.6092	0.6084	0.5986	0.6035
		Spamebase	0.7843	0.8061	0.7505	0.7773
		Pendigits	0.7575	0.8170	0.7646	0.7899

（续表）

算法和参数取值		数据集	纯度	精度	召回率	F 值
SPECTACL	$(d,\varepsilon,k)=$ (50,0.6,10)	Iris	0.8133	0.8414	0.8222	0.8317
		Ionosphere	0.7550	0.8617	0.6587	0.7467
		Balance-scale	0.7552	0.6026	0.7021	0.6485
		Breast cancer	0.6207	0.6750	0.5841	0.6263
		Blood	0.7734	0.8481	0.5639	0.6774
		Cmc	**0.6119**	0.6048	**0.6135**	0.6091
		Spamebase	0.6062	0.8030	0.5003	0.6165
		Pendigits	**0.8224**	**0.8359**	**0.8535**	**0.8446**
NAPC-Eu	—	Iris	0.8400	0.8750	0.8511	0.8629
		Ionosphere	**0.7806**	0.6450	0.6576	0.6512
		Balance-scale	0.7808	0.5906	0.7617	0.6653
		Breast cancer	0.6190	0.7027	0.6012	0.6480
		Blood	0.7674	0.7588	0.5151	0.6762
		Cmc	0.5995	0.6123	0.6020	0.6071
		Spamebase	0.7633	0.8159	0.7603	0.7871
		Pendigits	0.7062	0.7441	0.6874	0.7146
NAPC-Dv	—	Iris	**1.0000**	**1.0000**	**1.0000**	**1.0000**
		Ionosphere	0.7578	0.7369	**0.7343**	**0.7572**
		Balance-scale	**0.8688**	0.6615	**0.8441**	**0.8746**
		Breast cancer	**0.6552**	0.7826	**0.6875**	**0.6247**
		Blood	**0.9893**	**0.9890**	**0.9813**	**0.9893**
		Cmc	0.6076	**0.6195**	0.6108	**0.6097**
		Spamebase	0.7824	0.8679	0.7239	0.7575
		Pendigits	0.8179	0.8402	0.8012	0.8018
K-means	K=3,2,3,2,2,3,2,10	Iris	0.8333	0.8588	0.8428	0.8403
		Ionosphere	0.2877	0.2981	0.3422	0.3008
		Balance-scale	0.3680	0.3959	0.3155	0.4520
		Breast cancer	0.4914	0.4583	0.4670	0.3576
		Blood	0.7223	0.5819	0.5582	0.7011
		Cmc	0.3442	0.3361	0.3455	0.3419
		Spamebase	0.6359	0.7053	0.5432	0.5371
		Pendigits	0.6905	0.7249	0.6824	0.6822

以表 4.6 中各算法在最优参数下的聚类结果为依据，绘制在纯度、精度、

召回率、F 值 4 个指标下各算法在不同 UCI 数据集上的性能变化曲线，如图 4.11 所示。

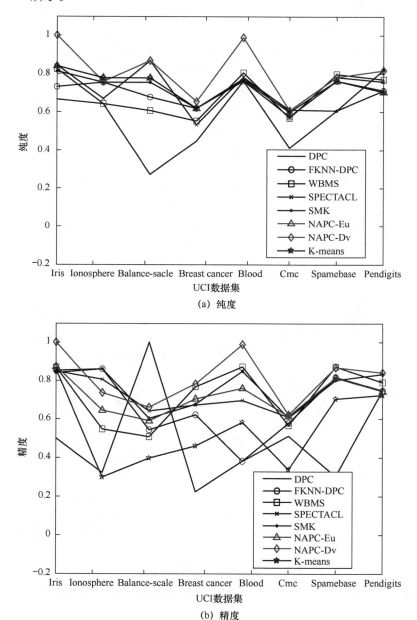

（a）纯度

（b）精度

图 4.11　不同评价指标下各算法在不同 UCI 数据集上的性能变化曲线

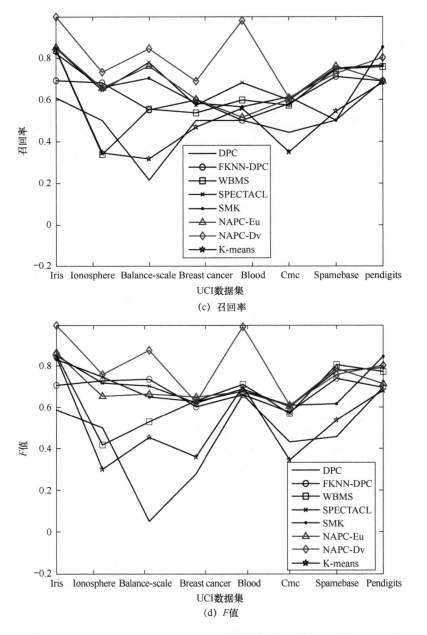

(c) 召回率

(d) F值

图 4.11　不同评价指标下各算法在不同 UCI 数据集上的性能变化曲线（续）

在图 4.11 中，不同形状标记的曲线代表了不同算法的聚类结果，其中三角形和菱形标记的曲线分别为 NAPC-Eu 和 NAPC-Dv 算法的性能变化曲线。对比这两条曲线发现，不同数据集上这两条曲线之间的距离是不同的，且

NAPC-Dv 曲线基本位于 NAPC-Eu 曲线上方，这表明散度距离比传统欧氏距离的相似性度量结果更精确。在纯度、精度、召回率和 F 值 4 个指标下，无标记曲线和星号标记曲线基本位于所有曲线下方，这说明 DPC 和 K-means 算法在 UCI 数据集上的聚类结果相对较差，主要原因是，除 DPC 和 K-means 算法外的其余算法，都在 DPC 或 K-means 算法的基础上做出了改进，因此，性能相比 DPC 和 K-means 算法有一定的提升。除此之外，在大多数数据集上，NAPC-Dv 算法对应的菱形标记曲线基本位于所有曲线的上方，且与 DPC 算法之间的差异较为明显，说明其在 UCI 数据集上的性能是相对最优的，能够在一定程度上解决 4.1 节中提出的问题。

4.4.5　高维数据集上的结果比较

为了考察 NAPC 算法在高维数据集上的处理性能，本节在高维数据集上进行了进一步的实验。

表 4.7 统计了各算法在 4 个高维数据集（Yale、Brain、LungCancer、MINIST）上的聚类结果，表中所有参数的含义与表 4.5 和表 4.6 相同，粗体部分为各数据集上的最佳聚类结果。

表 4.7　高维数据集上的聚类结果

算法和参数取值		数 据 集	纯度	精度	召回率	F 值
DPC	dc=1%	Yale	0.3273	0.3813	0.3273	0.3522
		Brain	0.4857	0.3972	0.4927	0.4384
		LungCancer	0.5725	0.6146	0.5725	0.5649
		MINIST	0.3292	0.5515	0.3367	0.4073
	dc=2%	Yale	0.3273	0.5205	0.3701	0.4326
		Brain	0.3968	0.3601	0.3933	0.3660
		LungCancer	0.5109	0.6214	0.5109	0.5388
		MINIST	0.4442	0.4718	0.4401	0.4554
FKNN-DPC	K=4,4,4,7	Yale	0.3758	0.4512	0.4546	0.4528
		Brain	0.4524	0.3712	0.4061	0.3878
		LungCancer	0.4565	0.5714	0.3478	0.4324
		MINIST	0.4396	0.4815	0.4297	0.4541
	K=7,7,7,10	Yale	0.4243	0.5205	0.5455	0.5327
		Brain	0.5238	0.5455	0.5500	0.5477
		LungCancer	0.6522	0.7857	0.4565	0.5775
		MINIST	0.5774	0.6312	0.7056	0.6663

（续表）

算法和参数取值		数 据 集	纯度	精度	召回率	F值
WBMS	h=0.1,**0.5,0.3**,0.2	Yale	0.3758	0.3893	0.3818	0.3855
		Brain	**0.6667**	0.6509	**0.6668**	0.6588
		LungCancer	**0.7609**	**0.8382**	**0.7609**	**0.7977**
		MINIST	**0.6562**	**0.8187**	0.6540	**0.7271**
	h=**0.15**,0.55,0.35, 0.25	Yale	**0.5939**	**0.5936**	**0.5636**	**0.5783**
		Brain	0.6190	0.4769	0.5550	0.5130
		LungCancer	0.5217	0.7556	0.5217	0.6172
		MINIST	0.4984	0.4988	0.4252	0.4591
SMK	$(\alpha_{step},\alpha_{max})$=(0.5, 0.01)	Yale	0.4788	0.5368	0.4788	0.5062
		Brain	0.6429	0.6856	0.6300	0.6566
		LungCancer	0.7391	0.8286	0.7391	0.7813
		MINIST	0.6370	0.5573	0.5490	0.5531
SPECTACL	(d,ϵ,k)= **(50,0.6,10)**	Yale	0.4424	0.5161	0.4534	0.4827
		Brain	0.5952	0.6190	0.6100	0.6145
		LungCancer	0.5652	0.7674	0.5652	0.6510
		MINIST	0.5704	0.5989	0.5263	0.5602
NAPC-Eu	—	Yale	0.4121	0.5638	0.4121	0.4762
		Brain	0.6190	0.5782	0.6500	0.6120
		LungCancer	0.6739	0.7556	0.6739	0.7124
		MINIST	0.5564	0.5908	0.5263	0.5567
NAPC-DV	—	Yale	0.5030	0.5508	0.5030	0.5258
		Brain	0.6429	**0.7371**	0.6700	**0.7019**
		LungCancer	0.7609	0.8080	0.7609	0.7837
		MINIST	0.6002	0.6986	**0.6840**	0.6991
K-means	K=15,5,2,10	Yale	0.4109	0.4414	0.4133	0.4261
		Brain	0.5774	0.5160	0.5375	0.5265
		LungCancer	0.5000	0.5000	0.5000	0.5000
		MINIST	0.5230	0.5334	0.5188	0.5260

如表 4.7 所示，除 NAPC-Eu 和 NAPC-Dv 外其余算法的聚类结果随着参数变化而波动，在所有对比算法中，WBMS 算法的表现最好，绝大部分的指标最优值由 WBMS 算法获得，而 SMK 和 NAPC-Dv 算法的整体性能仅次于WBMS。造成上述性能排序的主要原因是：WBMS 和 SMK 均是针对高维数据的聚类算法，通过发现高维空间中有价值的属性信息来提高高维数据的处理能力。NAPC-Dv 通过调整欧氏距离提升其在高维空间聚类中的表现，因此，NAPC-Dv 在高维数据集上的表现优于 NAPC-Eu。DPC 和 K-means 算法

在高维数据集上的处理结果并不理想。主要原因可能在于 DPC 和 K-means 算法均是基于传统欧氏距离进行相似性度量来开展聚类的算法，其二者无法克服欧氏距离在高维空间距离度量精度受限的问题。

为了进一步考察上述算法在高维数据上的性能，绘制各算法在不同数据集上各指标的变化图，如图 4.12 所示。在该图中，D1、D2、D3 和 D4 分别代表高维数据集 Yale、Brain、LungCancer 和 MINIST，不同指标值分别用不同标记曲线表示。

从图 4.12 中可得，算法 DPC、FKNN-DPC、WBMS、SMK、SPECTACL、NAPC-Eu、NAPC-Dv 及 K-means 的各指标值的分布区间分别为[0.32,0.63]、[0.37,0.79]、[0.37,0.84]、[0.44,0.83]、[0.44,0.77]、[0.41,0.76]、[0.50,0.81]、[0.41,0.58]。结合上述分布区间和图 4.12 可得，WBMS、SMK 及 NAPC-Dv 的聚类效果相对较好，上述三个算法的聚类结果的最优值均达到了 0.8 以上。虽然 WBMS 算法和 SMK 算法的最优值大于 NAPC-Dv，但 WBMS 算法和 SMK 算法的指标取值区间的最大值与最小值之间的差异在所有算法中是最大的，说明 WBMS 和 SMK 算法受参数影响大且算法不稳定。相比之下，NAPC-Dv 的指标最小值和最大值之间的差异较小，且其指标最小值大于所有算法的指标最小值，上述现象在验证了散度距离有效性的同时也表明了 NAPC-Dv 在高维数据集上的聚类稳定性较好。相比来说，DPC 和 K-means 算法的性能曲线（第一和最后一个子图）在所有曲线中的位置是最低的，这表明 DPC 和 K-means 可能不适合高维数据集的聚类。

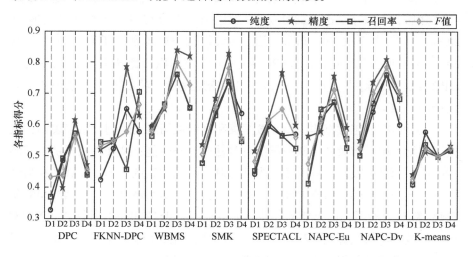

图 4.12 不同评价指标下各算法在高维数据集上的聚类结果比较

综合比较所有数据集上的聚类结果可以发现：所有比较算法在数据集 D1（Yale）上的得分最低。可能的原因是：Yale 是一个图像数据集，本章在实验验证前将其转换成了数值型数据，上述数据转换过程可能会带来一定的精度损失。此外，大多数算法在 D4（MNIST）上的表现比在 D3（LungCancer）上的表现差，上述现象也可能与数值转换过程中的精度损失有关。对比图 4.12 中的倒数第二和第三个子图可以发现，NAPC-Eu 和 NAPC-Dv 的性能曲线的整体分布非常相似，但是由于引入了扩展的散度距离，NAPC-Dv 的整体性能要优于 NAPC-Eu。由此可见，与 DPC、FKNN-DPC、K-means 相比，NAPC 在高维数据集上的处理能力有了很大的提高；与 WBMS 和 SMK 相比，NAPC-Dv 的整体稳定性更好且不受参数影响，但是对高维数据集聚类的精度略低于 WBMS 和 SMK。

综上所述，NAPC 算法在人工和 UCI 数据集上的性能明显优于各比较算法，且算法不需要参数控制，也不受人为因素的影响。NAPC 算法在发现不同形状的簇上也是有效的，其在高维数据集上的聚类稳定性明显优于各比较算法，但其对高维数据集聚类的精度仍然存在提升空间。

4.5 本章小结

本章提出了散度距离及其无参密度聚类算法——NAPC。首先，在传统欧氏距离的基础上定义了散度距离，以减轻相似性转移效应对邻居划分的影响；然后，引入了 Adjusted Boxplot 理论来解决 DPC 中对参数 d_c 的依赖并重新计算数据点的密度；最后，通过构建评价指数 Z_i 解决了 DPC 中人为选择中心点所带来的问题。NAPC 拓展了传统的欧氏距离并成功地解决了 DPC 算法中遇到的几个典型难题，包括密度度量、对参数 d_c 的依赖和手动选择中心点。

NAPC 在人工数据集、UCI 数据集和高维数据集上的测试结果表明：散度距离是正确且有效的，其能够提升算法的聚类性能；NAPC 在识别不同形状的簇方面是高效的，并且不受参数和其他人为因素的影响；NAPC 在高维数据集上的稳定性在所有对比算法中是最好的，聚类精度仅低于 WBMS 和 SMK 算法。然而，由于要额外计算散度距离、d_c 值和评价指数 Z_i，NAPC 的时间效率与原始算法相比有所下降。因此，后续工作将深入研究如何在保持高聚类精度的前提下提升 NAPC 算法的时间效率。

第 5 章

基于时空密度分析的轨迹聚类算法

在轨迹大数据背景下，复杂轨迹的占比越来越大。为了提高复杂轨迹的聚类精度，本章定义了一个新的时空密度函数——停留时间邻域移动能力（Neighbourhood Move Ability with Stay Time，NMAST），并在 NMAST 函数的基础上提出了一种基于密度分析的轨迹聚类算法（Trajectory Clustering Algorithm based on Density Analysis，TAD）。首先，使用 NMAST 函数并结合邻域移动能力（Neighbourhood Move Ability，NMA）、停留时间（Stay Time，ST）和评估因子（Eμ）来度量数据的时空分布；其次，考虑到复杂轨迹容易受噪声的影响，定义噪声容忍因子（Noise Tolerance Factor，NTF）来动态地评估噪声并降低噪声的影响；最后，在 NMAST 函数和 NTF 的基础上提出轨迹聚类算法 TAD。TAD 算法在 GeoLife 数据集上的实验结果表明：该算法能更真实地反映轨迹数据的分布特征，尤其适合处理具有长时间间隔的各种复杂或特殊轨迹，是一种高效的轨迹聚类算法。

5.1 问题提出

传感器和 GPS 技术的飞速发展，使越来越多的轨迹数据被记录下来。常见的轨迹数据来自交通工具移动、动物迁徙、气流运动、人员移动、机械设备运行等。这些数据是时间序列数据的一个分支。为了发现轨迹数据中有用的信息和有价值的时空模式，研究者提出了多种轨迹数据分析方法，并且经过不断发展，形成了一个新的研究课题——轨迹聚类。目前，轨迹聚类已经成为轨迹数据挖掘最有效的技术之一。

然而，随着轨迹大数据时代的发展，轨迹数据体量越来越大，复杂轨迹在轨迹数据集中所占的比重也越来越大。这些复杂轨迹主要表现为，轨迹长度越来越长、噪声问题突出、运动模式复杂等。复杂轨迹使现有轨迹聚类方法在轨迹数据的时空密度度量及噪声处理等方面存在诸多不足，轨迹聚类的精度不高。为了减弱噪声干扰，获得更准确的密度度量结果，本节将从轨迹的运动特征和时空分布特征出发，对轨迹数据的时空密度度量和聚类技术进行深入研究。

开展基于时空密度分析的轨迹聚类算法研究，主要源于以下 3 方面的动机。

（1）现有的移动能力（MA）理论忽视了某些复杂轨迹或特殊轨迹的运动特征，而现实生活中的轨迹往往是复杂的。因此，扩展 MA 理论以增强其对复杂轨迹的描述能力是有意义的。

MA 理论是寻找轨迹中停留的有效方法。然而，MA 理论并没有充分考虑某些复杂轨迹（移动对象多次进入某个点的邻域范围产生的轨迹）或特殊轨迹（受建筑物遮挡、设备故障、操作失误等影响产生的具有长时间间隔的轨迹）的时空分布特征。充分考虑上述轨迹的时空分布特征，对揭示移动对象的时空分布规律同样意义重大。上述不足促使我们提出了 MA 理论的扩展版本——邻域移动能力（NMA）理论，以描述各种复杂轨迹或特殊轨迹的运动特征。

（2）构建融合轨迹数据多种特征的时空密度度量方法，对于提高基于密度分析的轨迹聚类的准确性至关重要。

在聚类算法中，相似性度量的有效性决定了算法的聚类精度。某些仅考虑轨迹数据单一特征的相似性度量方法无法有效融合多种特征的优势，聚类结果往往不够准确。如何有效地结合数据的多种特征，构造一种相似性度量方法是轨迹聚类面临的一个重大挑战。针对上述问题，本章结合轨迹数据的多种特征定义了一种新的时空密度函数，以提高轨迹聚类的准确性。

（3）轨迹中规模较大的停留容易被噪声分割，然而目前能够有效评估噪声影响并做出相应处理的方法相对较少。

采样环境、数据传输过程和预处理方法等都可能引入噪声。噪声复杂的产生机制使轨迹数据质量变得难以预测，然而现有大多数算法都没有对噪声的影响进行评估和处理。当数据中的噪声超过一定程度时，算法的聚类精度显著下降。为了评估和降低噪声的影响，本章引入了噪声容忍因子。

基于上述动机，本章提出了一种新的轨迹聚类算法——TAD。首先，基于 NMA、ST 和 Eμ 概念，定义 NMAST 函数；其次，定义 NTF，用于评估轨迹数据中的噪声影响；最后，提出 TAD 算法，并通过在 GeoLife 数据集上的实验验证 TAD 算法的正确性和有效性。具体而言，本章的主要工作如下。

（1）在移动能力的基础上，提出邻域移动能力，用于描述轨迹段的运动特征，包括移动对象在连续或不连续的时间段内反复出入考察目标的邻域范围所形成的复杂轨迹。

（2）基于邻域移动能力、停留时间和评估因子，定义 NMAST 函数，用于度量多种轨迹的时空分布特征。

（3）引入噪声容忍因子，在动态评估噪声影响的同时，对噪声分割后的大样本进行合并。

（4）提出一种基于 NMAST 函数和 NTF 的轨迹聚类算法 TAD，并在 GeoLife 数据集上进行验证。

5.2 时空密度分析

本节先介绍轨迹相关定义，然后对本章需要解决的问题进行简单陈述并提出时空密度函数。

5.2.1 相关定义

轨迹数据由一系列按时间顺序排列的观测值构成，描述了移动对象空间位置随时间变化的情况。轨迹数据处理的关键步骤是分析其时空分布特征，以便建立有效的分析模型。Stop/Move 模型是轨迹数据分析中使用最多的模型之一，该模型主要包含两大类轨迹点：停止点和移动点。停止点和移动点所在的区域分别被称为停止（停留）区域和移动区域。在停止区域内移动的对象可能正在进行某些重要的活动。因此，停留的表征和识别是轨迹聚类的重要研究课题。但 Stop/Move 模型并没有反映噪声的特征，在处理含噪声的轨迹数据时效果不理想。为了描述噪声的特征，本章提出了一个新模型——SMN（Stop, Move and Noise，停止、移动和噪声）模型。

在 SMN 模型中，轨迹数据被划分为停止点、移动点和噪声点三类。与轨迹有关的一些定义如下。

定义 5-1 轨迹 Tra（Trajectory）：Tra 是 n 个数据点的有序序列，满足以下条件：$\text{Tra[Id]} = \{p_1, p_2, \cdots, p_i, \cdots, p_n\}$，$\forall p_i$，有 $p_i = \{(x_i, y_i), t_i\}$，$1 \leqslant i \leqslant n$，$t_i < t_{i+1}$。$x_i$、$y_i$ 和 t_i 分别表示经度、纬度和时间，p_i 表示移动对象在 t_i 时间到达位置 (x_i, y_i)。

定义 5-2 停止点 SP（Stop Points）：包含 k 个数据对象的一组停止点可表示为 $\text{SP[Id]} = \{p_{s_1}, p_{s_2}, \cdots, p_{s_k}\}$，$1 \leqslant s_1, s_2, \cdots, s_k \leqslant n$。当满足以下条件时，$p_i$ 被视为停止点：

（1）$\rho_{p_i} \geqslant \text{Min-Density}$，$\rho_{p_i}$ 是点 p_i 的密度［度量方法见式（5.6）］，

Min-Density 是轨迹中任意一处停留区域的最小密度；

（2）$t_{p_1} - t_{p_e} \geq$ Min-Duration ，p_1 和 p_e 是点 p_i 的 R 邻域内第一个和最后一个点，Min-Duration 是移动对象在轨迹中任意一处停留的最短持续时间。

停止点可以从字面意义上理解为移动对象在某个范围内低速移动的点，但在定义 5-2 中，停止点不是由速度来定义的，而是由停留的空间范围和时间跨度来定义的。因此，这一定义更有利于区分因交通拥堵等特殊原因产生的伪停止点。根据定义 5-2，可以总结出停止点的两个重要特征：①大量的点集中在小范围区域内；②这些点在聚集区域的停留时间满足最小时间约束。

定义 5-3 移动点 MP（Move Points）：包含 J 个数据对象的一组移动点可以表示为 $MP[Id] = \{p_{M_1}, p_{M_2}, \cdots, p_{M_J}\}$ ，$1 \leq M_1, M_2, \cdots, M_J \leq n$ 。当满足以下条件时，p_i 为移动点：

（1）$\rho_{p_i} <$ Min-Density ，ρ_{p_i} 是点 p_i 的密度 [度量方法见式（5.6）]，Min-Density 是轨迹中任意一处停留区域的最小密度；

（2）$t_{p_1} - t_{p_e} \geq$ Min-Move ，p_1 和 p_e 是点 p_i 的 R 邻域内第一个和最后一个点，Min-Move 是移动对象在轨迹中任意一处移动的最短持续时间。

尽管移动点的速度相对较高，但完全依赖于速度来定义移动点势必会遗漏许多重要的特征。在定义 5-3 中，移动点的定义并不局限于速度，而是将不满足密度约束且移动时间超过最小移动时间约束的点视为移动点。

定义 5-4 噪声点 NP（Noise Points）：如果以轨迹上的所有点为全集 T，停止点和移动点分别看作全集 T 的两个子集——SP 和 MP，则噪声点 NP 是 T 相对于 SP 和 MP 的补集，即 NP=T−SP−MP。

噪声的产生机理往往比较复杂，其特征相对较难掌握。本章借助停止点和移动点来描述噪声点，将轨迹中的停止点和移动点提取后剩余的点为 SMN 模型中定义的噪声点。

图 5.1 给出了两条不同的移动路径：路径 1（path1）和路径 2（path2）。这两条路径从坐标原点出发，到达点(3,2)所在的位置。显然，移动对象会倾向于选择 path1 来最大限度地节省时间和精力。在这种情况下可以推断：path1 比 path2 具有更大的移动可能性。

通过总结上述场景，Luo 等人从中抽象出了移动能力（MA）的概念，并利用 MA 给出了改进的 DBSCAN 算法（简称 MA-DBSCAN），对轨迹停止点进行提取。下面是关于 MA 的一些定义。

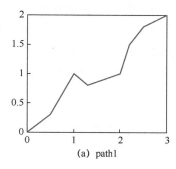 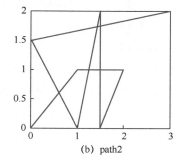

图 5.1　两条不同的移动路径：path1 和 path2

定义 5-5　直线距离 Ddis（Direct Distance）：有一条包含 p 个轨迹点的轨迹段（SubTra），SubTra[Id] = $\{p_{k+1}, \cdots, p_{k+i}, \cdots, p_{k+p}\}$，$1 \leqslant k+1 \leqslant \cdots \leqslant k+i \leqslant \cdots \leqslant k+p \leqslant n$，$n$ 是轨迹段所在的完整轨迹上包含的点数。SubTra 的直线距离 Ddis(SubTra)是该轨迹段的起点和终点之间的距离，即

$$\text{Ddis(SubTra)} = \text{dist}(p_{k+1}, p_{k+p}) = \sqrt{(x_{k+1} - x_{k+p})^2 + (y_{k+1} - y_{k+p})^2} \quad （5.1）$$

定义 5-6　曲线距离 Cdis（Curve Distance）：对于一条包含 p 个轨迹点的轨迹段（SubTra），SubTra [Id] = $\{p_{k+1}, \cdots, p_{k+i}, \cdots, p_{k+p}\}$，$1 \leqslant k+1 \leqslant \cdots \leqslant k+i \leqslant \cdots \leqslant k+p \leqslant n$，$n$ 是轨迹段所在的完整轨迹上包含的点数。SubTra 的曲线距离 Cdis(SubTra)是该轨迹段的起点到终点的总路程，即

$$\begin{aligned}
\text{Cdis(SubTra)} &= \text{dist}(p_{k+1}, p_{k+2}) + \cdots + \text{dist}(p_{k+p-1}, p_{k+p}) \\
&= \sqrt{(x_{k+1} - x_{k+2})^2 + (y_{k+1} - y_{k+2})^2} + \cdots + \\
&\quad \sqrt{(x_{k+p-1} - x_{k+p})^2 + (y_{k+p-1} - y_{k+p})^2}
\end{aligned} \quad （5.2）$$

定义 5-7　移动能力 MA（Move Ability）：轨迹段的移动能力等于其直线距离与曲线距离的比值，即

$$\text{MA(SubTra)} = \text{Ddis(SubTra)} / \text{Cdis(SubTra)} \quad （5.3）$$

由图 5.1 可知，MA(path1)>MA(path2)。将这两条移动路径放入 SMN 模型可以发现：path2 更接近于移动对象在某个具体位置开展某种活动而产生的轨迹段，path1 更接近于移动对象在两个具体位置之间高速移动而产生的轨迹段。基于上述发现，Luo 等人利用 MA 来发现轨迹中的某些低速区域或有意义的地理位置，即核心点。

图 5.2（a）的 SubTra1 是点 p_i 所在的轨迹段，它经过的所有点都在 p_i 的 R 半径范围内，根据 MA 的计算方法，SubTra1 被选择用于计算点 p_i 所在区域的 MA。如果 p_i 所在的区域正好是一个有意义的地理位置，则 p_i 应该被视

为一个核心点。然而，如果移动对象经过 p_i 时停留的时间较短，则 MA 对应区域的密度相对较小［见图 5.2（a）］，此时 p_i 表示的位置可能会丢失。如果移动对象反复穿过 p_i 附近的区域［见图 5.2（b）］，则根据 MA 的定义，将选择 SubTra2 来计算 p_i 所在区域的 MA，这会导致该区域内的 MA 很大且密度虚低，使得 p_i 所在区域代表的位置很难被发现。

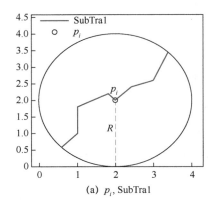

(a) p_i, SubTra1

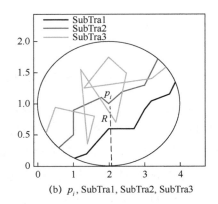

(b) p_i, SubTra1, SubTra2, SubTra3

图 5.2　当前处理点 p_i 和它所在的轨迹段

在图 5.2（b）中，折线 SubTra2 穿过了 p_i。因此，在计算 p_i 所在区域的 MA 时仅仅用到了 SubTra2，这显然不能反映图 5.2（b）的数据分布。计算图 5.2(b) 中所有轨迹段的 MA 可得：MA(SubTra3)<MA(SubTra2)<MA(SubTra1)。上述不等式表明，SubTra3 的移动能力最弱，选取 SubTra3 计算 p_i 所在区域的 MA 更有助于发现地理位置。

此外，一些算法没有考虑长时间间隔对轨迹聚类精度的影响。但在某些情况下，这些长时间间隔也可能包含有价值的信息。因此，有必要考虑长时间间隔的轨迹特征。图 5.3（a）给出了具有长时间间隔的典型轨迹。

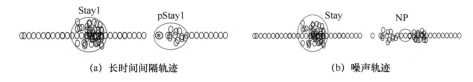

(a) 长时间间隔轨迹　　　　　　　　　　(b) 噪声轨迹

图 5.3　长时间间隔轨迹和噪声轨迹

在图 5.3（a）的左侧，一些点被闭合曲线圈中，大量的点集中在左边闭合曲线区域内，且该区域的点密度明显大于其他区域。毫无疑问，图 5.3（a）左边闭合曲线区域内的点会被识别为停止点［这些点所在的区域被称为停留区域（简称停留），并用 Stay1 表示］；右边闭合曲线区域内聚集的点较少，用星号（＊）标记的点较为独立。这种现象可能是由设备故障、操作误差、建筑物阻挡等诸多因素引起的。因此，右边闭合曲线区域也可能代表潜在停留（记为 pStay1）。然而，现有算法大多不考虑这种潜在停留，使得这些潜在停留中包含的一些重要信息被丢失。时间间隔也是一个很重要的指标。在轨迹数据挖掘过程中，对于长时间间隔轨迹的发现既要考虑点的空间分布，又要考虑轨迹的时间间隔。

除上述问题外，噪声也是影响聚类结果的重要因素。在某些情况下，研究者可能只对时空分布密度超过某个极限（Min-Density）的区域感兴趣，因为这些区域可能代表了一些重要的地理位置或这些区域发生了一些重要的事件。当移动对象在某个区域移动的时间大于最短持续时间（Min-Move）时，这个区域内的点将被视为移动点，否则，将被视为噪声点，这些点前后的停留将被合并。因此，两个连续停留之间的一些点也可能是噪声点。噪声轨迹如图 5.3（b）所示。

在图 5.3（b）中，一些点集中在右边"小椭圆"前后的区域中。根据定义 5-4，这些"小椭圆"内的点是噪声点。由于这些点的影响，其前后区域表示的一个大簇可能被分成两个较小的簇。更糟糕的是，如果噪声点带来的两个小区域不满足簇的形成条件，那么这个大簇可能被丢弃。因此，综合考虑噪声的影响对提高聚类精度也是至关重要的。

5.2.2　时空密度函数

观察图 5.2（b）可以发现：SubTra1 和 SubTra2 更接近于直线，这两条轨迹段揭示的更可能是移动对象在某条线路上高速移动的情况。因此，SubTra1 和 SubTra2 对应轨迹中的移动部分。SubTra3 比其他两条轨迹段更曲折，表明移动对象可能在某个位置开展某些活动。因此，SubTra3 更能代表停留的移动特性，应选择 SubTra3 来计算 p_i 所在区域的 MA。在此基础上，综合考虑移动对象多次进出 p_i 的 R 邻域的复杂情况，本章给出了邻域移动能力（NMA）的定义，具体如下。

定义 5-8　邻域移动能力 NMA（Neighborhood Move Ability）：假设 SubTra$_1$, …, SubTra$_j$,…, SubTra$_m$ 是 p_i 半径 R 内的 m 条轨迹段，对于 SubTra$_j$，有 SubTra$_j = \{p_{j1},\cdots,p_{jj},\cdots,p_{jp}\}$，$p_i$ 的 NMA 是 p_i 邻域内包含的所有轨迹段的 MA 最小值，即

$$\text{NMA}(p_i) = \min(\text{MA}(\text{SubTra}_j)),\ 1\leqslant j\leqslant m \tag{5.4}$$

上述定义表明：NMA 越大，该点被确定为停止点的可能性就越小。本章用密度函数来评估某个点被判定为停止点的概率。因此，NMA 越大，对密度函数的贡献就越小。

数据场理论指出：空间中的每个点都受到其周围点产生的磁场的影响，并且这种影响随着距离的增加而减小。因此，数据场理论可用于评估某一区域内数据点的集中程度。本章引入了一个评估因子 Eμ 来评估数据点受到周围点的影响，具体定义如下：

定义 5-9 评估因子 Eμ：数据集 D 中的任意点 p 都会受到其周围点的影响，某点受到其余点的影响越大，其所在区域内的数据分布越集中。点 p_i 受到点 p_j 的影响，记为 $\text{E}\mu(p_i, p_j)$，可计算如下：

$$\text{E}\mu(p_i, p_j) = e^{-\left(\frac{\text{dist}(p_i, p_j)}{R}\right)^2} \tag{5.5}$$

其中，R 为点 p_i 的邻域半径；$\text{dist}(p_i, p_j)$ 为 p_i 和 p_j 之间的距离。数据场理论下的评估因子 Eμ 和 NMA 理论都在一定程度上反映了数据点的空间分布，其区别在于，NMA 理论强调轨迹的不规则性，而数据场理论下的评估因子 Eμ 更强调数据分布的紧密程度。

NMA 和 Eμ 从空间维度探究了数据分布。由于数据质量的不可预测性，仅仅考虑空间密度，可能会忽略一些空间密度小但时间跨度大的潜在重要位置。因此，数据点在某个区域内的停留时间也是一个需要考虑的量。由图 5.3（a）可知，pStay1 中各点的空间密度高于普通移动部分，且 pStay1 中标记点与聚集区域的时间差明显大于两个连续点的时间差。因此，考虑 pStay1 中数据点的停留时间，可提高 pStay1 被检测到的概率。

为了更好地度量轨迹点的时空分布特征，从而区分轨迹中不同类型的点，将 NMA、ST 和 Eμ 的特征集成起来获得一个新的密度函数 NMAST，定义如下。

定义 5-10 时间邻域移动能力密度函数 NMAST：轨迹点的分布密度是与邻域移动能力 NMA、停留时间 ST 及评估因子 Eμ 相关的物理量。对于任意给定的邻域半径 R，密度函数 NMAST 下任意轨迹点 p_i 的密度（记为 $\text{NMAST}(p_i)$）为

$$\text{NMAST}(p_i) = e^{-\left(\frac{\text{NMA}_i}{\delta\text{NMA}}\right)^2} \cdot \sum_{p_j \in \text{NP}_i(R)} \text{E}\mu(p_i, p_j) \cdot \text{ST}(p_i) \tag{5.6}$$

其中，δNMA 为 NMA 的标准差；R 是 p_i 的邻域半径；p_j 是 p_i 的邻居；$\text{E}\mu(p_i, p_j)$ 是式（5.5）计算所得的 p_i 受到 p_j 的影响；$\text{ST}(p_i)$ 是移动对象在 p_i

的 R 邻域内的停留时间，计算公式如下：

$$\mathrm{ST}(p_i) = t_{p_{i1}} - t_{p_{ie}} \tag{5.7}$$

其中，p_{i1} 和 p_{ie} 分别是 p_i 的 R 邻域半径内的第一个和最后一个点。

随着邻域半径 R 的改变，时空密度函数 NMAST 中的 NMA、ST 及 Eµ 的值也会发生相应变化。因此，NMAST 函数可以看成关于 R 的一次函数。在密度函数 NMAST 下，任意轨迹点 p_i 的密度 NMAST(p_i) 与我们对传统轨迹数据的分布特征的理解是一致的，即：当数据点 p_i 的 R 邻域内的点分布越不规则、越集中且停留时间越长时，数据点 p_i 是停止点的可能性越大；反之，其是移动点的可能性越大。与传统轨迹聚类算法中相似性度量不同的是，本章使用时空密度函数 NMAST 来区分轨迹中不同类型的数据点，NMAST 函数可将某个数据点及其 R 邻域内点的运动特征、分布特征和停留时间等多种特征整合起来。NMAST 函数计算 p_i 邻域内各子轨迹段的 MA，p_i 的 NMA 为上述 MA 中的最优值，通过上述计算来体现运动轨迹的不规则性；同时，通过计算数据点之间的距离来评估数据点的集中程度；最后，通过考虑数据点的停留时间，来识别某些不满足空间分布要求但时间跨度较大的特殊停留。综上所述，NMAST 函数充分考虑了复杂轨迹的运动特征，能更真实地反映数据点的分布情况，更有利于区分轨迹数据中不同类型的数据点。

5.3 轨迹聚类算法

本节提出了一种新的轨迹聚类算法——TAD。在 5.3.1 节中，引入了噪声容忍因子（NTF），可用于评估和减弱噪声的影响。在 5.3.2 节中，结合 NMAST 函数和 NTF 提出了 TAD 算法，并对算法进行了简单的分析。

5.3.1 噪声容忍因子

为了减少图 5.3 中噪声点对轨迹聚类结果的影响，我们根据轨迹数据点的分布特征引入噪声容忍因子——NTF。

在式（5.6）中，停止点的 NMAST 函数值高于移动点或噪声点的 NMAST 函数值。给定一个 NMAST 阈值，将大于该阈值的点视为停止点，则其他点可能是移动点也可能是噪声点。而对于不超过 NMAST 阈值的点，如果移动时间超过了最小移动时间约束，则可以将其视为移动点，否则就是噪声点。通过上述分析可知，噪声点和移动点之间存在明显的时间差。本节利用这个时间差，引入噪声容忍因子来减小噪声的影响。

在聚类过程中，首先计算轨迹数据中各点的 NMAST 函数值，统计 SubTra_i 中不满足 NMAST 阈值的点。然后，使用式（5.8）对统计结果进行归一化，并获得 SubTra_i 的 NTF，记为 NTF(SubTra_i)。

$$\text{NTF}(\text{SubTra}_i) = \frac{\text{NN} - \text{NN}_{\min}}{\text{NN}_{\max} - \text{NN}_{\min}} \qquad (5.8)$$

在式（5.8）中，NN 为轨迹段 SubTra_i 中不满足 NMAST 阈值约束的点数，$\text{NN}_{\min}$ 和 $\text{NN}_{\max}$ 分别为在理想和极端情况下轨迹段中噪声点数的最小值和最大值。在理想情况下，轨迹段的噪声点数最小值为 0，因此，将 $\text{NN}_{\min}$ 设为 0。根据 SMN 模型，$\text{NN}_{\max}$ 是不满足 NMAST 阈值约束的移动部分点的最小数目，即 $\text{NN}_{\max}$ 的值等于 Min-Move。当 NTF(SubTra_i) 等于或大于 1 时，该轨迹段是一个有效的移动部分，否则 SubTra_i 中包含的某些点可能是噪声点。

在一般情况下，当轨迹段中包含的噪声点的数量小于某一特定阈值时，这些噪声点对轨迹段的影响可以忽略不计。当连续噪声点的数量大于某一特定阈值时，轨迹段很可能是一个有效的移动部分，可以跳过这段移动来搜索下一个停留。因此，适当的 NTF 值不仅可以减少噪声的影响，而且可以提高算法的时间效率。

5.3.2 轨迹聚类算法

在 NMAST 函数和 NTF 的基础上，TAD 算法如下：

算法 5.1　TAD 算法

输入：数据集 D；最小 NMAST 阈值 mD；最小 NTF 阈值 mNT

输出：停留簇 SC

1: $n=|D|$;　// n 为数据集 D 中的轨迹点数

2: $\text{Num1} = \dfrac{\text{Min-Duration}}{\text{SamlingRates}}$,　$\text{Num2} = \dfrac{\text{Min-Move}}{\text{SamplingRates}}$,　$K=0, j=1$;　//Num1 和 Num2

分别为最小停留和移动中包含的轨迹点数

3: if $(n-j > \text{Num1})$　then

4:　　Calculate NMAST(p_j);　//根据式（5.6）计算点 p_j 的 NMAST 函数值

5:　　if $(\text{NMAST}(p_j) > \text{mD})$　then

6:　　　for $(i=j; i<n; i++)$　do

7:　　　　Calculate NMAST(p_i);　//根据式（5.6）计算点 p_i 的 NMAST 函数值

8:　　　　Count $N1$;　//统计满足 mD 阈值约束的点的数量 $N1$

9:　　　　if $(\text{NTF}(\text{SubTra}_i) > \text{mNT})$　then

10:　　　　　　　Break;

11:　　　　else

12:　　　　　　if $(N1 > \text{Num1})$　then

13:　　　　　　　SC(N1);　//将上述 N1 个点放入停留簇 SC 中

14:　　　　　　　$K=\text{Label}(p_{N1})$，$j=K+\text{Num2}$ 跳转到第 3 行代码；　//将 SC 中最后一点的标号赋值给 K

15:　　　　　　else

16:　　　　　　　$j=j+1$ 跳转到第 3 行代码；

17:　　　　　　end if;

18:　　　　end if;

19:　　end for;

20:　else

21:　　Count(N2)，calculate NTF(SubTra$_i$)；　//统计不满足 mD 阈值约束的点的数量 N2，根据式（5.8）计算噪声容忍因子

22:　　if $(\text{NTF}(\text{SubTra}_i) > \text{mNT})$　then

23:　　　$j = K+\text{Num2}$ 跳转到第 3 行代码；

24:　　else

25:　　　$j = j +1$ 跳转到第 3 行代码；

26:　　end if

27:　end if

28: else

29:　输出 SC;

30: end if

在算法 5.1 中，n 表示轨迹数据集 D 中的总点数。Num1 表示一个最小停留需要包含的点数，当剩余未处理点的个数小于 Num1 时，对这些未处理点进行聚类是没有意义的。Num2 表示最小移动需要包含的点数。Num1 和 Num2 与具体应用有关，由于 GPS 定位设备的精度范围有限且不同应用背景下用户感兴趣地理位置的规模不同，这两个值是不同的。j 指向当前点的标号；K 用于记录添加到 SC 中最后一点的标号；mD 是最小 NMAST 阈值，只有当某个点的邻域范围内的密度满足此约束时，该点才能被视为停止点。mNT 是最小 NTF 阈值，当某个移动部分的 NTF 值大于 mNT 时，可以跳过该部分来搜索下一个潜在停留；当停止段的 NTF 值小于 mNT 时，可以忽略噪声对该部分的影响。

MA-DBSCAN、DBSCAN 及 TAD 都是与密度相关的算法，但它们对核心点的定义不同。DBSCAN 算法的时间复杂度为 $O(n^2)$，它在发现核心点时必须计算各数据对之间的距离。MA-DBSCAN 算法通过考察 p_i 前后的几个点来发现核心点，时间复杂度接近 $O(n)$。在 TAD 算法中，不定义核心点，而是用 NMAST 函数度量各轨迹点的数据分布特征，利用 NTF 跳过部分移动点。因此，影响 TAD 算法效率的主要因素是轨迹中包含的停止点个数。通常，只有停止点和少数移动点会被访问，并用于计算点的密度。假设停止点的数目为 s（$s<n$），则 TAD 算法的时间复杂度约为 $O(s^2)$。因此，TAD 算法的时间复杂度与实际数据分布密切相关，其值约为 $O(s^2)$。

5.4　实验评价

本节利用 GeoLife 数据集对 NMAST 函数和 TAD 算法的性能进行评估。首先，通过比较 NMAST 函数获得的轨迹数据分布特征与 MA-DBSCAN 算法获得的轨迹数据分布特征，验证 NMAST 函数的有效性；然后，对比 TAD、MA-DBSCAN 及 DBSCAN 3 种算法在 GeoLife 数据集上的轨迹聚类结果。

5.4.1　数据描述

本节实验中用到的数据集是微软亚洲研究院发布的公开数据集——GeoLife。该数据集包括来自 182 个用户的 17621 条日常活动轨迹。数据集中的每条轨迹由每隔 1～10m 或 1～5s 采样得到的一系列带时间戳的点表示。本章所使用的采样时间间隔为 5s。每个采样点由纬度、经度、高度和时间信息构成。由于同一区域的高度变化可以忽略不计，因此，本节实验中的轨迹数据并不考虑高度信息。在使用 GeoLife 数据集之前，需要将经纬度坐标转换为普通平面坐标，然后计算各轨迹数据点之间的距离。为了直观地观察轨迹中点的位置分布情况，这里使用 MATLAB 绘图工具对轨迹数据点的分布特征进行可视化分析。在此过程中，将轨迹点聚集的区域（停留）标记为 pStay+，以方便在后续实验中对这些带标记的停留进行对比分析。

5.4.2　参数选择

NMAST 函数有两个主要参数：δNMA 和 R。δNMA 的主要作用是对 NMA 进行标准化，以防止过大或过小的 NMA 导致的两极分化。由图 5.4（a）可知，NMA 越大，对应的 NMA 的权重越小。在本节的对比实验环节中，

NMA 的取值为 0.5。邻域半径 R 的取值需要考虑具体的应用背景，R 取值越大，在计算 NMAST 函数值时考虑的点越多。因此，合理的 R 值有助于提高 NMAST 函数的度量精度，具体讨论将在 5.4.3 节中进行。

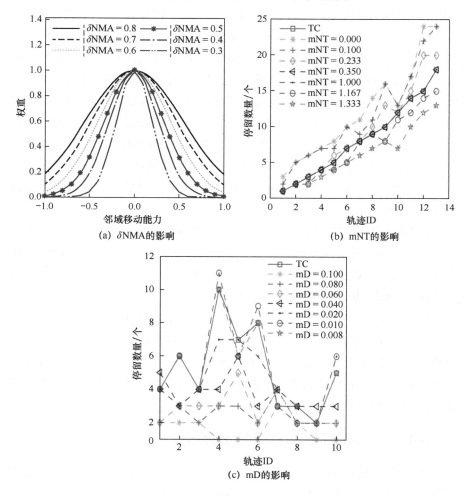

(a)　δNMA 的影响

(b)　mNT 的影响

(c)　mD 的影响

图 5.4　不同情况下的参数估计

此外，Min-Duration 和 Min-Move 也包含在了 TAD 算法中，不同值反映了不同类型的聚合活动。考虑到二者都与特定的应用相关且实验数据集大多是城市居民出行数据。因此，将 Min-Duration 和 Min-Move 分别设置为 180s 和 300s。相关文献已对上述参数进行了进一步的研究，因此，这里不对其进行详细说明了。本节详细讨论的参数是最小 NMAST 阈值 mD 和最小 NTF 阈值 mNT。

由于 GPS 定位设备的信号不稳定，采集到的城市轨迹数据往往存在噪声。这些噪声可能会使某些大规模的停留被错误分割成多个小停留或使停留识别不完全，甚至被遗漏。为了降低噪声影响并合并相邻的簇，我们定义了 NTF。图 5.4（b）显示了在不同 mNT 下发现的停留数量。

在图 5.4（b）中，矩形标记的实线表示轨迹中的实际停留数量（TC，即轨迹数据中的簇数），其余曲线为不同 mNT 下发现的停留数量。mNT 越小，虚线与实线之间的差异越大。随着 mNT 的增加，虚线慢慢接近并最终低于实线。当 mNT 为 0.233 时，虚线与实线靠得很近，当 mNT 取值增加到 0.350 时，虚线与实线重叠。但当 mNT 大于 1 时，算法得到的聚类数目小于轨迹中的实际聚类数目。产生这种现象的主要原因是，60 是移动部分中包含的最少轨迹点数。当 NN 大于 60 时，mNT 大于 1，一些独立的停留会被错误地合并。综合考虑，mNT 应设置为[0.350,1]。为了提高计算效率，本节将 mNT 设置为 0.350。

mD 是一个相对最优值，它可以指导对停留的发现。若该值设置得太大，则识别的簇少，甚至找不到任何簇。相反，如果设置得太小，则会检测到更多的簇，包括一些由交通阻塞、红绿灯或其他因素引起的虚假簇。因此，设置合理的 mD 有助于减少对虚假簇的发现。

在图 5.4（c）中，每个轨迹中实际包含簇的数量用矩形标记的实线（TC）表示。当 mD 为 0.1 时，其代表的虚线与实线相差很远。随着 mD 的减小，虚线与实线之间的间距减小，当 mD 减小到 0.01 时，带圆形标记的虚线与实线更加靠近，当 mD 最终减小到 0.008 时，带星号标记的虚线几乎与实线重合。根据上述分析，mD 的最终取值为 0.008。

5.4.3　NMAST 函数的有效性分析

为了验证 NMAST 函数对轨迹数据分布特征的表征能力和对不同轨迹数据点的区分能力，将 NMAST 函数与 MA-DBSCAN 算法进行对比实验。首先，利用 MATLAB 绘图工具对实验轨迹数据进行可视化，从而获得各轨迹的位置信息。其次，通过 NMAST 函数获得各轨迹的密度值序列来表示各轨迹数据的分布特征。为了进一步突出 NMAST 函数的优势，利用 MA-DBSCAN 算法得到另一组对比密度值序列。最后，利用上述密度值序列绘制密度曲线，将这些密度曲线与可视化后的轨迹数据分布特征进行比较，以评价 NMAST 函数和 MA-DBSCAN 算法在度量轨迹数据分布特征上的性能。

参数 R 和 δNMA 影响了 NMAST 函数的性能，根据图 5.4（a），将 δNMA

设置为 0.5。MA-DBSCAN 算法包含 3 个参数：R、δMA 和 δ1，参照 Luo 等人在文献中的设置，参数 δMA 和 δ1 分别为 0.5 和 0.3。参数 R 是本节需要探讨的实验变量。图 5.5 是轨迹及 NMAST 函数和 MA-DBSCAN 算法对应轨迹的密度曲线。

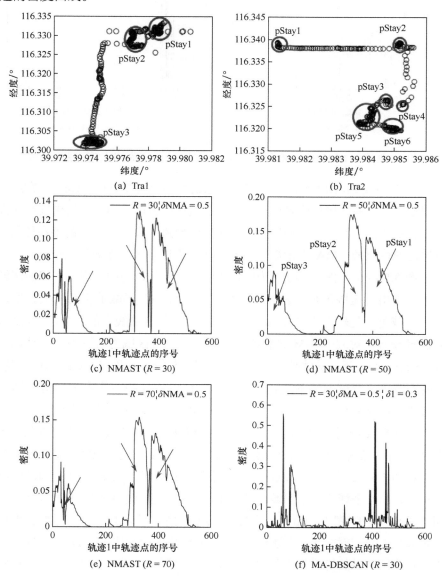

图 5.5　轨迹及 NMAST 函数和 MA-DBSCAN 算法对应轨迹的密度曲线

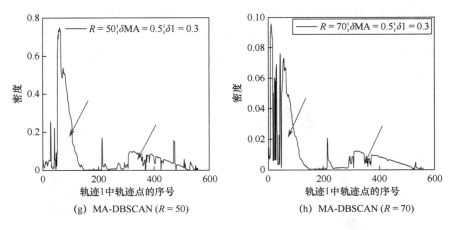

(g) MA-DBSCAN ($R = 50$)   (h) MA-DBSCAN ($R = 70$)

图 5.5 轨迹及 NMAST 函数和 MA-DBSCAN 算法对应轨迹的密度曲线（续）

图 5.5（a）和图 5.5（b）是移动对象的两条轨迹（Tra1、Tra2）。在这两条轨迹中，一些区域被闭合曲线圈出。在这些闭合曲线内，点的密度明显大于闭合曲线外。因此，这些区域可用于表示轨迹 1 和轨迹 2 中的潜在停留，这些区域内点的 NMAST 函数值应该显著高于这些区域外的其他点。

图 5.5（c）～图 5.5（h）为轨迹 1 的密度曲线，图中许多局部峰值区域被箭头指出，这些区域中包含的所有点的 NMAST 函数值相对较大，所以这些区域可能是轨迹中的停留［图 5.5（a）中闭合曲线内的部分］，其余部分位置较低，对应的 NMAST 函数值较小，这些区域为轨迹中的移动部分［图 5.5（a）中闭合曲线外的部分］。在图 5.5（c）～图 5.5（e）中，随着 R 值的增大，密度曲线的变化并不明显，可以从这些曲线中清楚地识别出轨迹 1 中标记的停留，并且能很好地区分轨迹中的停止点和移动点。

图 5.5（f）～图 5.5（h）为使用 MA-DBSCAN 算法获得的密度曲线，当 R 为 30 时［见图 5.5（f）］，数据点的密度分布杂乱，无法识别停留；当 R 为 50［见图 5.5（g）］时，可以识别出两个停留；同时，在图 5.5（g）和图 5.5（h）中，前一个箭头所示区域与后一个箭头所示区域的密度值差异较大。然而，图 5.5（c）、图 5.5（d）和图 5.5（e）中的第一个和后两个区域中密度值均较大且差异相对较小。上述现象表明，NMAST 函数比 MA-DBSCAN 算法更能真实地反映轨迹数据点的分布特征，从而区分不同类型的轨迹点。虽然 MA-DBSCAN 算法也可以找到 pStay1 和 pStay2，但由于 pStay3 和其他两个停留的密度差异很大，得出的密度值并不令人满意，若密度阈值设置不当，则可能会错过某些停留。造成上述问题的主要原因是，MA-DBSCAN 算法没

有考虑 p_i 邻域内的所有轨迹段及点的停留时间，导致停止点之间的密度差异可能很大。

图 5.6 为移动轨迹 2 的密度曲线。在图 5.6（a）中，当 NMAST 曲线中 R 的值为 30 时，可以观察到 5 个停留。随着 R 的增加，从 NMAST 曲线中可以准确发现轨迹 2 中的所有 6 个停留［见图 5.6（b）和图 5.6（c）］，且各个停留之间密度较低，有助于准确分割不同的停留。当 R 达到 90 时［见图 5.6（d）］，一些停留被合并成更大的停留。当 MA-DBSCAN 曲线中的 R 为 30 时［见图 5.6（e）］，只能检测到 3 个停留，而其他停留由于时间不满足要求而不能被检测到。随着 R 的增加，更多的停留被发现［见图 5.6（f）和图 5.6（g）］，但是仍然有一个停留被遗漏。当 R 为 90 时，MA-DBSCAN 获得的密度曲线的平滑程度大大降低［见图 5.6（h）］。因此，无法准确反映轨迹点的分布特征。

从图 5.6（b）中可以看出，pStay3 和 pStay4 的密度明显大于 pStay6，但小于 pStay1、pStay2 和 pStay5。同时，两个相邻的停留之间出现了一些密度较小的狭窄区域。这些狭窄区域主要与边界点或噪声点有关。比较图 5.6（b）与图 5.6（f），图 5.6（f）中只能观察到 5 个停留。上述现象的出现主要归结为，MA-DBSCAN 算法忽视了当前考察点 R 邻域内的部分轨迹段，使当前考察点的密度低于设定的密度阈值。上述分析表明，MA-DBSCAN 曲线中停止点和移动点之间的差别并不明显，相反，NMAST 曲线可以更准确地区分停止和移动部分。因此，在度量轨迹数据分布特征时，NMAST 函数比 MA-DBSCAN 算法更精确。

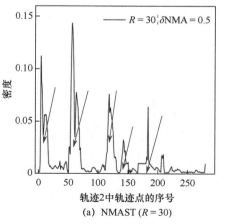

(a) NMAST (R = 30)

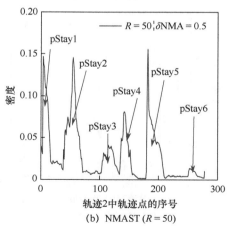

(b) NMAST (R = 50)

图 5.6　NMAST 函数和 MA-DBSCAN 算法对应的轨迹 2 的密度曲线

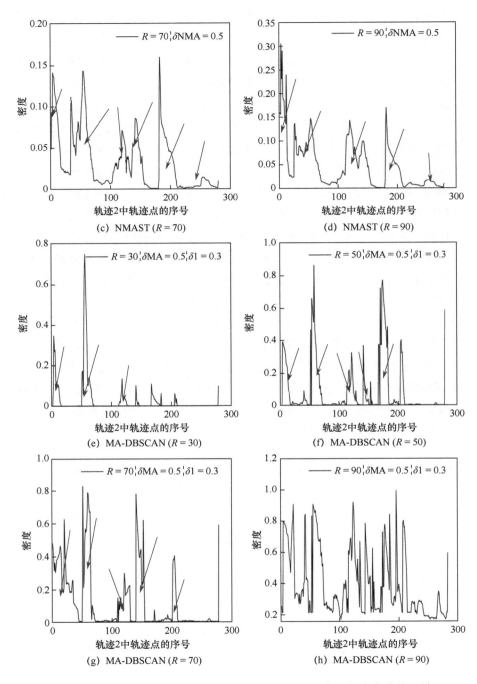

图 5.6　NMAST 函数和 MA-DBSCAN 算法对应的轨迹 2 的密度曲线（续）

在如图 5.7（a）所示的轨迹 3 中，3 个区域被闭合曲线圈出，这 3 个区域内数据聚集程度和规模不同且数据点的分布密度明显高于其他区域。因此，这些区域为轨迹 3 中的停留。轨迹 3 中的 pStay2 相对较特殊，大部分点集中，一个点远离。对比图 5.7（b）和图 5.7（c）可以发现：图 5.7（b）中 pStay1 的密度曲线更平滑，而图 5.7（c）中 pStay1 的密度差更大。造成这种差异的主要原因是，MA-DBSCAN 算法只考虑当前点所在的轨迹段，同一簇中的停止点密度可能会有很大差异。NMAST 函数对 p_i 的 R 半径范围内的所有轨迹段进行评估，选择最优轨迹段进行密度计算，使得同一停留中的停止点的密度差相对较小。

由图 5.7（a）～图 5.7（c）可以推断出，pStay1 是符合时间和空间约束的真实停留，而图 5.7（b）中其他两个标记区域的真实性无法确定。图 5.7（d）和图 5.7（e）分别给出了 pStay2 和 pStay3 的放大图以判断其真实性。上述两个子图显示：pStay2 和 pStay3 中包含的点数分别是 3～40 个和 4～52 个，由于这些数据的采样时间间隔为 5s，所以这两个区域的点的总停留时间分别为 185s 和 190s。将这两个值与最小持续时间阈值 180s 进行比较，pStay2 和 pStay3 应该被保留。而在图 5.7（c）中，MA-DBSCAN 算法并没有检测到 pStay2，虽然可以发现 pStay3，但是 pStay3 的停留时间只有 125s［见图 5.7（f）］，MA-DBSCAN 算法在聚类过程中将丢弃 pStay3。造成上述现象的原因可能是，MA-DBSCAN 算法没有考虑点的停留时间而无法发现一些特殊停留。

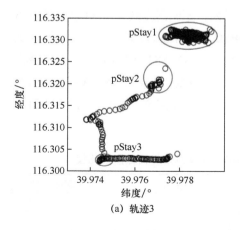

(a) 轨迹3

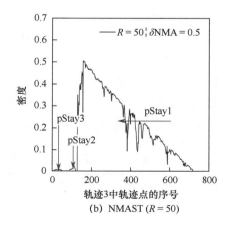

(b) NMAST（$R = 50$）

图 5.7 NMAST 函数和 MA-DBSCAN 算法对应的轨迹 3 的密度曲线

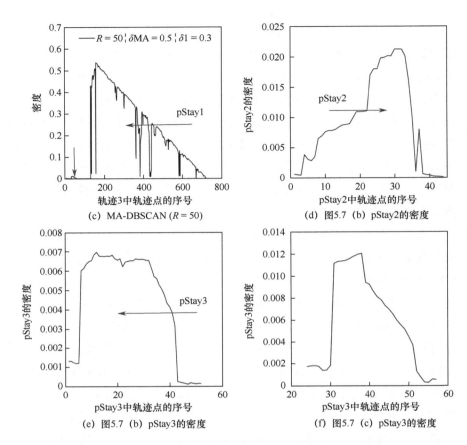

(c) MA-DBSCAN ($R = 50$)

(d) 图5.7 (b) pStay2的密度

(e) 图5.7 (b) pStay3的密度

(f) 图5.7 (c) pStay3的密度

图 5.7　NMAST 函数和 MA-DBSCAN 算法对应的轨迹 3 的密度曲线（续）

　　为了对上述结果进行综合评价，统计两种不同密度度量方法所发现的停留数，如表 5.1 所示。在表 5.1 中，**MA-DBSCAN** 算法总共发现了 8 个停留，轨迹 1、轨迹 2 和轨迹 3 中的停留没有被完全发现。NMAST 函数通过分析轨迹数据的分布特征，准确识别出轨迹中所有的 12 个停留。这表明：NMAST 函数更能反映轨迹数据的分布特征，其在停留的检测中效率更高。因此，用 NMAST 函数来衡量复杂轨迹数据的分布特征是完全可行的。

表 5.1　NMAST 函数和 MA-DBSCAN 算法停留数量的比较

比　较　项	潜　在　停　留	NMAST	MA-DBSCAN
轨迹 1/个	3	3	2
轨迹 2/个	6	6	5
轨迹 3/个	3	3	1
总计/个	12	12	8

5.4.4　TAD **算法的有效性分析**

在验证了 NMAST 函数的有效性后，本节继续使用 GeoLife 数据集对 TAD 算法、MA-DBSCAN 算法和 DBSCAN 算法的轨迹聚类性能进行比较。

图 5.8 为上述三种不同方法的聚类结果。在该图中，星号标记的虚线表示每条轨迹中真实的停留数，矩形标记的虚线表示各方法发现的所有停留数，圆标记的虚线表示各算法正确识别的停留数。圆标记的虚线与星号标记的虚线越接近，表明算法的聚类结果越精确。

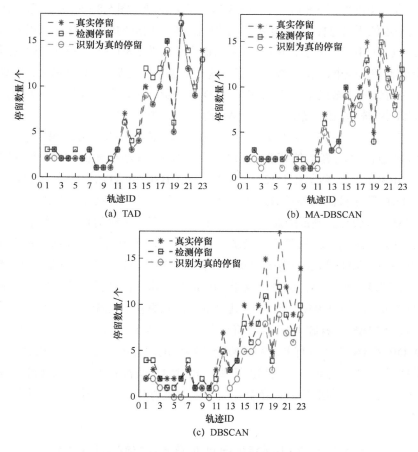

图 5.8　三种不同方法的聚类结果

由图 5.8 可以看出，在图 5.8（c）中，圆标记的虚线与星号标记的虚线相距最远，而在图 5.8（a）和图 5.8（b）中，上述两条虚线的距离相对较近。圆标记的虚线与星号标记的虚线的位置分布表明，算法 TAD 及 MA-DBSCAN

的轨迹聚类精度远高于 DBSCAN。在图 5.8（a）中，圆标记的虚线与星号标记的虚线几乎重叠，而在图 5.8（b）中，上述两条虚线之间的距离相对较远，尤其是在横坐标 10 以后的轨迹上。在图 5.8（b）中，上述两条虚线的偏差明显增大。然而，随着的轨迹 ID 的增加，图 5.8（a）中圆标记的虚线与星号标记的虚线之间的距离几乎可以忽略不计。而在图 5.8（a）和图 5.8（b）中，当轨迹 ID 为 10 或大于 10 时，轨迹中包含的停留数量更多。此时，这些轨迹的数据量可能更大，移动对象的运动情况也更复杂。上述现象表明，TAD 算法在处理复杂轨迹时优势更明显。

进一步观察图 5.8（a）和图 5.8（b）可以发现：图 5.8（a）中矩形标记的虚线基本位于星号标记的虚线之上。但是随着数据量的增加，这种位置分布在图 5.8（b）中反过来了，在第 10 条轨迹之后，图 5.8（b）中矩形标记的虚线开始出现在星号标记的虚线之下了。这一现象不仅证明了 MA-DBSCAN 算法不适用于复杂的轨迹，同时表明了 TAD 算法更稳定，发现簇的能力更强，数据集大小和轨迹复杂度的变化对 TAD 算法的聚类结果影响不大。

表 5.2 比较了三种不同算法在 GeoLife 数据集上的聚类结果。其中，所有轨迹中包含的真实停留数为 137 个，TAD 算法检测到 150 个停留，MA-DBSCAN 算法检测到 126 个停留，而 DBSCAN 算法仅检测到 111 个停留。TAD 算法检测的停留数最多，且与其余两种算法存在明显的差距，这表明 TAD 算法发现停留的能力更强。在上述所有算法检测到的停留中，TAD 算法检测并识别为真的停留数最多，为 131 个，而剩余两种算法分别为 109 个和 78 个。TAD 算法的精度为 0.8733，MA-DBSCAN 算法的精度为 0.8651，二者的精度差别较小，但是远高于 DBSCAN 算法；对于召回率指标来说，TAD 算法达到了 0.9562，远高于其余两种比较算法。出现上述现象的关键原因是，NMAST 函数考虑了当前点邻域内的多个轨迹段和停留时间，而 MA-DBSCAN 算法没有考虑某些复杂或特殊的轨迹的运动特征，因此可能会遗漏某些特殊的停留，导致精度不高；同时由于其没有考虑复杂轨迹和噪声特征，容易使某些虚假的停留被错误当成真实停留，从而导致聚类的召回率也不高。

表 5.2 三种不同算法在 GeoLife 数据集上的聚类结果比较

比 较 项	TAD	MA-DBSCAN	DBSCAN
真实停留数/个	137	137	137
检测停留数/个	150	126	111
检测为真的停留数/个	131	109	78

（续表）

比 较 项	TAD	MA-DBSCAN	DBSCAN
精度	0.8733	0.8651	0.7027
召回率	0.9562	0.7951	0.5693
F 值	0.9128	0.8289	0.6290

为了综合评估各算法的精度和召回率指标值，对各算法的 F 值进行计算。在表 5.2 中，三种算法的 F 值分别为 0.9128、0.8289、0.6290。这些数据表明，TAD 算法和 MA-DBSCAN 算法比 DBSCAN 算法的性能更高。虽然 MA-DBSCAN 算法的聚类精度相较于 DBSCAN 算法来说已经获得了很大程度的提升，但其没有充分考虑移动对象的多种运动情况。因此，MA-DBSCAN 算法不适合处理一些复杂或特殊的轨迹，导致其识别的停留数与轨迹中实际存在的停留数之间存在一定的差距，也使得召回率偏低，最终导致 F 值不高。

综上所述：TAD 算法在轨迹聚类中的性能优于其他两种对比算法；对于一些复杂或特殊的轨迹处理，TAD 算法的优势更加明显。

5.5　本章小结

本章定义了一个时空密度函数 NMAST，用于描述轨迹数据的分布特征，并在此基础上提出了一种轨迹聚类算法 TAD，用于提升复杂轨迹的聚类精度。本章的主要贡献可以概括为三个方面。

（1）定义了一个时空密度函数——NMAST。NMAST 函数综合了邻域移动能力 NMA、停留时间 ST 和评估因子 Eμ 的特征来描述不同轨迹数据的分布特征，从而区分轨迹中不同类型的轨迹数据点。实验结果证明：NMAST 函数是一种有效的轨迹数据时空密度度量方法，能够通过密度度量来准确反映轨迹数据的分布特征，即使在面对长时间间隔的复杂或特殊轨迹的分析和处理任务时，NMAST 函数也依然适用。

（2）引入了 NTF，达到了减弱噪声干扰并合并相邻停留的目的。实验结果表明：这种动态噪声评估方法可以为数据中的噪声处理提供参考，提高了聚类结果的准确性。

（3）提出了一种基于 NMAST 函数和 NTF 的轨迹时空密度聚类算法——TAD。实验结果表明：与一些算法相比，TAD 算法是正确、高效的，尤其适合处理各种复杂或特殊的具有长时间间隔的轨迹；利用 TAD 算法来分析复杂或特殊轨迹的时空密度，可以为对轨迹数据的深入研究打下基础。

第6章

轨迹数据分析方法的应用

轨迹数据分析是时序数据分析的典型分支，相关研究包含轨迹数据预处理、特征提取、模式挖掘、聚类、分类、回归、异常检测、隐私保护等诸多方面。海量的轨迹数据具有很大的研究价值，通过轨迹数据分析可以挖掘移动对象的活动和迁移规律，分析移动对象的移动特征和行为模式。目前，轨迹数据分析已经应用在人类行为模式分析、智能交通规划、生物医疗、自然气象分析、天文数据分析与处理等诸多领域。例如，通过对城市交通轨迹数据的分析，可以为交通路径规划、路网预测、交通流量控制等提供解决方案；通过对机械运转轨迹的分析可以获得机械运转状态，为机械故障诊断提供依据；通过对天体运转轨迹的分析，可以了解天体运行的规律，为分析宇宙的形成和演化提供证据；通过对动物生活轨迹的分析，可以获得动物迁徙规律，为动物和生态环境保护提供支持。本章以天体光谱及智能制造为背景，介绍轨迹数据分析相关技术和方法在上述背景下的应用。

6.1　天体光谱数据分析

天体光谱是将使用光谱学技术测量的天体电磁辐射按照波长排列得到的序列。通过分析，天文学家可以发现并测量天体的位置，探索天体的运动规律，研究天体的物理性质、化学组成、内部结构、能量来源及其演化规律等信息。

随着大型地面和空间观测设备的建设及多个大型巡天计划的逐步实施，天文数据规模正以前所未有的速度增长，丰富的天文数据资源大大加深了人类对宇宙的认识。大天区面积多目标光纤光谱天文望远镜（Large Sky Aera Multi-Object Fiber Spectroscopic Telescope，LAMOST）是我国自行研制的大型天文光谱望远镜。该望远镜横卧南北，共有 16 台光谱仪、4000 根光纤，可同时观测 4000 个天体，是当今世界上光谱获取率最高的天文望远镜。

LAMOST 自 2008 年获得首条光谱以来，多次进行数据产品发布，持续保持发布光谱数和恒星参数星表总数位居国际第一。2023 年 3 月 30 日，中国科学院国家天文台向国内天文学家和国际合作者发布了 LAMOST DR10（v1.0 版本）数据集，其中光谱总数 2229 万余条、恒星参数星表 961 万个，是目前国际上其他巡天望远镜发布光谱数之和的 2.9 倍。

为了充分发挥 LAMOST 的威力，获得最大的科学回报，天文学家们结合望远镜的功能和特点，制订了一系列的观测计划，围绕探索银河系结构与演化、多波段天体交叉证认、星系物理等科学目标，设计了三大核心研究课题。其一是研究宇宙和星系，一个是星系红移巡天，另一个是通过获取的数据进一步研究星系的物理性质。星系物理是国际天文学界相当热门的话题，宇宙的诞生、星系的形成及恒星和银河系结构等前沿问题都建立在对星系物理研究的基础之上。其二是研究恒星和银河系的结构特征，通过瞄准更暗的恒星，更多地了解银河系更远处的恒星分布和运动情况，弄清银河系结构。其三是多波段证认。随着观测仪器和技术的不断发展，天文学进入了全波段巡天观测阶段，形成了多波段天文学，来自不同波段的巡天和观测数据急剧增多。作为光谱获取率最高的天文望远镜，LAMOST 与其他波段（如 X 射线）巡天望远镜的结合使用，可以让人们对天体的物理性质、演化规律有更全面、系统的认识，推动天文学前沿问题的解决。

LAMOST 作为天文学领域国家首个重大科技基础设施，向国际天文学界开放，多次用于国际合作，围绕三大核心研究课题，取得了众多重大科技成果。例如，通过 LAMOST 光谱数据，发现了 LAMOST-HVS2 和 LAMOST-HVS3 两颗超高速星，这一发现对超高速星的产生机制、银河系中心超大质量黑洞及银河系暗物质质量分布的研究意义重大；发现一颗质量是太阳 70 倍的恒星级黑洞，其质量超过了恒星级黑洞理论质量的上限，对现有的恒星理论提出了挑战；在银河系晕中发现 40 余个子结构，该发现首次获得了银河系晕中大样本子结构的六维参数信息，精确展现了银河系现在的结构及过去的吸积历史；精确地描绘银河系晕中人马座星流的三维空间轨道分布；验证了仅有 30% 的类太阳恒星周围存在"超级地球"，太阳系不存在"超级地球"属于正常现象；通过富锂巨星候选体的发现，构建了目前国际上一致性最好、数据量最大的高分辨率富锂巨星样本；发挥 LAMOST 超大光谱数据样本的优势并结合 Gaia 卫星数据，发现了天体物理学中一个非常重要的基础理论"恒星初始质量分布规律"会随着恒星金属元素含量和年龄发生显著变化，挑战了恒星初始质量分布规律不变的经典理论，刷新了人类对这一基本概念的认知。

然而，天体光谱数据所具有的海量、高维、非线性、低质量等数据特征，使得现有的许多数据处理方法难以适应天体光谱数据的分析和处理需求。如何针对海量天体光谱数据的高维、非线性和低质量特征开发合适的数据分析方法对于提高天体光谱数据的科学产出意义重大。

6.1.1　天光背景数据分析

LAMOST 在每个观测夜可以观测数千万条光谱，仅一个观测夜的数据量即可达到吉字节（GB）。为了扩大数据产出，LAMOST 官方设计了一套完整的数据测试、存储及处理流程。在通过 LAMOST 获得光谱后，利用相应数据处理程序进行减本底、平场改正、抽谱、波长定标、流量定标、减天光、光谱合并等处理，获得可以发布并开展后续分析工作的数据产品。其中，减天光是 LAMOST 数据产品处理程序中的重要环节，减天光的好坏直接影响数据产品的质量。减天光是指减去光谱中的天光背景成分，获得所观测的目标天体的光谱。目标天体光谱在透过大气层投射到望远镜上时，会掺杂大量天光背景成分，包括：高层大气中光化学过程产生的辉光（约 40%）；河外星系及星系间介质的光（约 25%）；行星际物质散射的太阳光（约 15%）；银道面附近星际物质反射或散射的星光（约 5%）；地球大气散射上述光源的光（约 15%）。上述天光的光谱以噪声的形式叠加在所观测的目标天体光谱中，降低了目标天体光谱的信噪比，不利于后续进行谱线识别及光谱分类等工作。因此，LAMOST 利用 10 根光纤来观测天光并获得天光的光谱，以拟合出"超级天光"的光谱，从光谱中减去相应的"超级天光"光谱，可获得目标天体光谱。

在实际观测中，多种因素都有可能影响 LAMOST 观测工作的顺利、有效开展，如天气条件、观测区天光的变化、邻近光纤的污染、仪器设备的状况等。为了充分发挥 LAMOST 的观测优势，获得更高质量的光谱，需要制定合理的观测方案。LAMOST 减天光操作中获得的天光光谱为上述任务的完成提供了数据支撑。一般情况下，在一定的时间区间内，获得的光谱越多，光谱的信噪比越高，光谱观测条件越有利。因此，通过分析天光光谱的时空分布密度，可以找到有利的观测时间区间，为制定合理的观测方案提供依据。本节通过对实验用的天光背景数据的时空特征进行分析，发现了天光背景数据的时空分布规律，并以此为依据制定了合理的观测方案。

1．数据描述

LAMOST 天光背景数据集由天光光纤光谱（通过光纤技术收集的天光光谱）和目标天体光谱的背景光谱两部分数据组成。每条天光光谱都由一系列接近 4000 维的流量值组成，这 4000 维的流量值代表了天光在某一时刻的状态，对应于某一特定时刻轨迹中某个数据点的位置。天光光谱如图 6.1（a）所示。

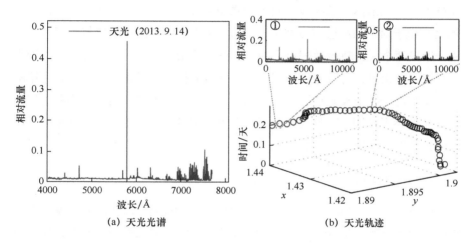

（a）天光光谱　　　　　　　　　（b）天光轨迹

图 6.1　天光光谱和天光轨迹（样例）

选择相对高质量的光谱是获得时空分布规律的前提。信噪比用来表征光谱的质量，信噪比越大，光谱质量越好，否则将被视为坏光谱而丢弃。本节利用噪声容忍因子（NTF）［见式（5.8）］来选择高质量的光谱。在式（5.8）中，NN 为光谱的信噪比；NN_{min} 为理论最小信噪比，即为 0；NN_{max} 为最大信噪比，根据现有仪器条件，其值为 100。当光谱的 NTF 大于阈值时，将其作为本节的实验数据集。

通过上述预处理，获得了 2011 年 10 月至 2016 年 11 月的 60468 个 FITS 格式的数据文件，共计 15117000 条 NTF 大于 0.1 的天光光谱。每条天光光谱是一系列 4000 维带时间标签的流量序列。如果利用 LAMOST 观测天区内所有天光光谱来构造和分析天光轨迹数据，则将不利于发现天光背景数据的时空分布特征。因此，我们将特定天光区域的天光光谱（天光区域的中心坐标：RA=37.88150939°，DEC=3.43934500°）按观察时间进行选择和分组，共得到 159 个时间点分组且每个时间点分组包含的光谱条数不同。我们从每个时间点分组中提取 3 条光谱，并将它们组合成一条 12000 维的大光谱，以近似展现当时天光的状态，如图 6.1（b）中的①、②子图所示。通过对 159 个时间点的大光谱按时间顺序排列，得到天光轨迹。大天光光谱组成的天光轨迹如图 6.1（b）所示。

2．参数设置

5.2.2 节中定义的时空密度函数 NMAST 用于计算天光轨迹数据的时空分布密度。NMAST 函数涉及两个参数 δNMA 和 R。在此次应用中，参数 δNMA 用于对 NMA 进行标准化，其值为 0.5。参数 R 的取值与应用背景有关。如果两个天光轨迹数据点之间的距离小于 R，则认为两个时间点的天光状态相同或相似，可以考察它们之间的 NMA 和空间影响。本节首先利用欧氏距离求得 159 个天光轨迹数据点的平均距离，以平均距离和最小距离作为参数 R 的参考范围，观察天光轨迹数据点的密度（标准化）随参数 R 的变化情况。数据点密度随 R 的变化情况分析如下。

3．结果分析

图 6.2（a）～（d）展示了 R 在区间[0.0096, 0.31]取值时天光轨迹数据点密度的变化情况（0.376 和 0.007 分别是 159 个天光轨迹数据点在欧氏距离下的平均距离和最小距离。当 R 接近这两个值时，由于它们对应的密度值太大或太小，无法观察到密度曲线，因此本节没有给出 R 为 0.376 和 0.007 的密度曲线）。当 R 为 0.31［见图 6.2（a）］时，天光轨迹数据点的最大密度值超过 80。当 R 为 0.01［见图 6.2（d）］时，最大密度减少到 3，这是由于 R 值的减小及数据局部集中程度增加导致的。同时，当 R 从 0.01 变化到 0.11 时，最大密度值显著增加，一些局部密度峰值出现。上述现象表明，我们可能开始接近 R 的最优值。因此，适当减小 R 的步长来观察当 R 约为 0.01 时数据点密度的变化［见图 6.2（e）～（h）］。

从图 6.2（e）到图 6.2（f），曲线中的最大密度值呈下降趋势；而从图 6.2（d）到图 6.2（e），曲线中的最大密度值呈上升趋势。此外，图 6.2（f）～（h）中有几个突出的峰值，这 3 个子图之间的变化很小，几乎可以忽略不计。因此，当 R 为 0.012 时，密度变化基本稳定。基于此，本节深入分析了图 6.2（f）中的密度曲线。

在图 6.2（f）中，可以很清楚地看到一些密度峰值。根据天光轨迹数据的特殊背景，一个数据点的密度值大，反映了在该点对应的时间点上可获得更多的高质量光谱，该时间点更利于观测。表 6.1 给出了 R 为 0.012 时密度峰值点的序号和观测日期。

在表 6.1 中，观测日期集中在 1 月、10 月、11 月和 12 月，这一分布表明，1 月、10 月、11 月和 12 月捕获的光谱数据量较大。

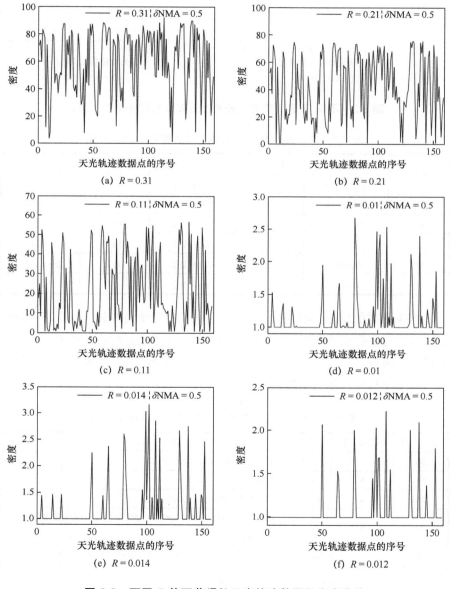

图 6.2　不同 R 值下获得的天光轨迹数据的密度曲线

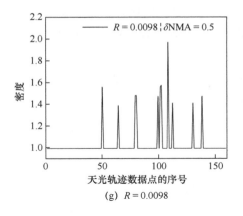
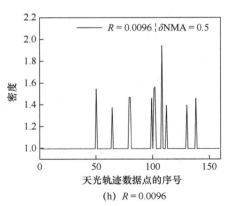

(g) $R = 0.0098$　　　　　　　　　　(h) $R = 0.0096$

图 6.2　不同 R 值下获得的天光轨迹数据的密度曲线（续）

表 6.1　R 为 0.012 时密度峰值点的序号和观测日期

序　号	观 测 日 期	序　　号	观 测 日 期	序　　号	观 测 日 期
50	20131017	98	20141102	130	20151002
64	20131119	99	20141103	131	20151004
65	20131119	101	20141104	138	20151030
79	20140111	102	20141105	145	20151126
80	20140111	108	20141202	153	20151225
96	20141013	112	20150102		

根据聚类的思想，我们知道一个中心点 R 邻域内的邻居与中心点更相似，可能与中心点具有相同的特征，因此邻居和中心点对应光谱的观测日期应该非常接近。本章进一步研究了图 6.2（f）中密度峰值点 R 邻域内的所有邻居的观测日期，如表 6.2 所示。

表 6.2　R 为 0.012 时密度峰值点的邻居观测日期

序　　号	邻居数/个	观 测 日 期
50	4	20111114, 20131017, 20140111, 20141104
64	3	20131119, 20141105, 20141202
65	4	20131119, 20140111, 20150102, 20151002
79	9	20121123, 20131017, 20131119, 20140111, 20140111, 20141103, 20141104, 20151004, 20151030
80	7	20111114, 20140111, 20140111, 20141103, 20141104, 20141108, 20151030
96	2	20141013, 20141102
98	2	20141013, 20141102

（续表）

序　号	邻居数/个	观 测 日 期
99	8	20111114, 20120103, 20140111, 20140111, 20141103, 20151004, 20151030, 20151225
101	6	20111114, 20131016, 20131017, 20140111, 20140111, 20141104
102	6	20121001, 20131119, 20141105, 20141202, 20150102, 20151002
108	7	20121001, 20121123, 20131119, 20141105, 20141202, 20150102, 20151002
112	5	20131119, 20141105, 20141202, 20150102, 20151002
130	5	20131119, 20141105, 20141202, 20150102, 20151002
131	4	20140111, 20141103, 20151004, 20151030
138	8	20131217, 20140111, 20140111, 20141103, 20141108, 20151004, 20151030, 20151225
145	2	20151126, 20151225
153	5	20140111, 20141007, 20141003, 20151126, 20151225

　　表 6.1 包含了 17 个密度峰值点的具体信息。密度峰值点的邻居数并不完全相同，所有邻居的观测日期集中在 1 月、10 月、11 月和 12 月，其中 11 月占比最大。这些月份的夜晚时间较长，因此光谱观测的有效时间也较长。除了以上月份，北半球的 2 月夜晚时间也较长，但这个月没有被观测到。主要原因可能是，2 月正值春节假期，庆祝活动较多，观测环境受灯光的影响较大，并不利于观测的进行。密度峰值点的月份分布如图 6.3 所示。

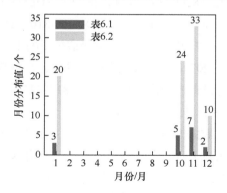

图 6.3　密度峰值点的月份分布

　　由图 6.3 可知，表 6.1 和表 6.2 中的月份分布规律是相似的。这不仅证实了邻居和中心点的相似性，也进一步表明了北半球冬季有利于天文观测。因此，应充分利用 1 月、10 月、11 月、12 月这些月份进行光谱观测，并在这些月份适当减少仪器维护时间，增加有效光谱采集量。

除了光谱观测的有利月份，每个观测日的有效时间也会因观测环境周围的天气因素、设备条件和居民活动而发生变化。为了检测观测日的有效时间间隔，我们进一步分析了第79号天光轨迹数据点邻居的光谱（见表6.3）。

表6.3　第79号天光轨迹数据点邻居的光谱的观测信息

序　号	观测日期	赤经坐标	赤纬坐标	观测持续时间
23	20121123	41.0480	35.1150	81007177—81007192—81007207
50	20131017	241.5700	40.6210	81479535—81479551—81479568
65	20131119	35.2610	42.9440	81526999—81527016—81527032
79	20140111	42.0130	51.5520	81603054—81603086—81603118
80	20140111	42.0130	51.5520	81603159—81603175—81603192
99	20141103	36.8840	16.6440	82029518—82029531—82029545
101	20141104	40.9330	41.4980	82031065—82031078—82031092
131	20151004	40.3490	8.5271	82512060—82512089—82512117
138	20151030	44.5220	20.6690	82549479—82549493—82549506

表6.3描述了第79号天光轨迹数据点邻居（包括自身）的序号、观测日期、赤经及赤纬坐标和观测持续时间。观测持续时间由两条短水平线连接的3个MJD（修正儒略日期）时间表示。以第23号光谱的观测持续时间81007177—81007192—81007207为例，第一个MJD时间81007177表示第23号光谱拍摄的开始时间，最后一个MJD时间81007207表示第23号光谱拍摄的结束时间，81007192表示第23号光谱拍摄的中间时间。这些数字表明，81007177—81007207时间段天气良好，设备运行正常高效，周围居民的活动在这段时间内对设备的干扰很小。因此，81007177—81007207这个时间段为2012年11月23日的最佳观测期。

考虑到天光轨迹数据的特殊背景，本实验所用的数据均为满足信噪比要求的高质量光谱，在某个时间点收集到的高质量光谱越多，就越有利于光谱观测。通过分析LAMOST天光轨迹数据的时间特征，我们在天光轨迹数据的密度曲线中发现了一些相对稳定的密度峰值点。这些密度峰值点近似代表了数据集区域的中心位置，表明了大量的天光轨迹数据点分布在中心点所代表的区域内。进一步分析发现，密度峰值点对应的光谱观测日期基本分布在1月、10月、11月、12月。因此，这些月份适合进行光谱观测。此外，每个观测日的观测时间段也不同，主要受天气因素、设备条件和居民活动的影响。因此，在制订光谱观测计划时，天文学家及相关人员应充分考虑天气情况，提前做好光谱观测设备的故障诊断和运行监测工作，尽量避开居民活动（如庆典活动、节假日等）的高峰时段，最大限度地提高有效观测时间。

6.1.2　低信噪比光谱分析

LAMOST 作为目前世界上光谱获取率最高的天文望远镜，为包括天文学在内的众多领域的科学研究提供了大量的珍贵样本。然而随着巡天工作的不断深入，待观测的目标越来越暗，低信噪比光谱的数量也越来越多。低信噪比光谱产生的原因有多种，如：观测设备故障、观测环境影响、数据处理和存储过程引入误差和错误等。如何有效分析并处理低信噪比光谱一直是业内公认的难题。

LAMOST 已经完成了 10 次数据发布，其发布的光谱数据被划分为四大类：恒星（Star）、星系（Galaxy）、类星体（QSO）和未知（Unknown）。Unknown 光谱覆盖了 3690～9100Å 的波长范围，数据中不仅包含大量的噪声，而且可能存在连续谱异常、拼接异常、谱线特征不明确、部分波段数据缺失等缺陷。这一类光谱与其他类光谱相比信噪比较低，不能很好地匹配当前的模板，无法进行正确的分类。LAMOST 恒星光谱和 Unknown 光谱图像如图 6.4 所示，图像的横、纵坐标分别为光谱的波长和对应波长位置的相对流量。

在图 6.4（a）中，虚线为该光谱中的发射线和吸收线，由于该光谱的信噪比（S/N）较高，光谱质量好，因此该光谱能够被正确分类。而在如图 6.4（b）所示的光谱中，波长 6000Å 以后的谱线信噪比很低且部分波长位置的相对流量值较大，使光谱的质量很低，无法对其中包含的发射线和吸收线特征进行识别。

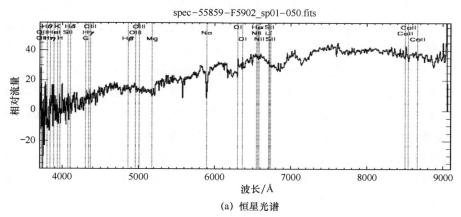

图 6.4　LAMOST 恒星光谱和 Unknown 光谱图像

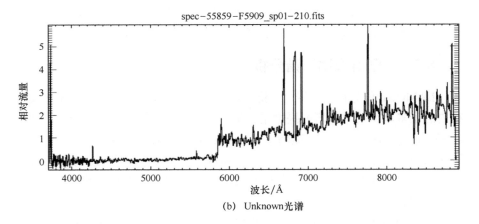

(b) Unknown光谱

图 6.4　LAMOST 恒星光谱和 Unknown 光谱图像（续）

　　Unknown 光谱数据作为低信噪比数据的代表，从 DR1 的 24 万增加到 DR5 的 63.8 万。对这类光谱进行研究具有以下重要意义。①Unknown 光谱中可能存在一些未知、稀有的特殊天体光谱，而由于现有观测设备、光谱分析方法和技术的限制，这些特殊和稀有天体的光谱不能与现有模板匹配，在光谱分类时被归为 Unknown 类。通过对 Unknown 光谱数据进行分析处理，有助于发现未知天体，为天文学相关研究提供珍稀样本。②通过对 Unknown 光谱数据进行分析，可以解释光谱形成原因，从而为提高光谱质量提供证据支持，为制订光谱观测计划提供参考，为低质量光谱数据分析及处理提供方法借鉴。

　　为了获得低信噪比光谱中有价值的信息，研究者提出了诸多方法。例如，基于 Hilbert-Huang 变换的方法将含噪短波信号进行经验模态分解，通过最大相关选择包含短波信号信息的固有模态函数进行信号重构，然后对重构信号进行谱减法降噪；基于傅里叶变换，得到二维光谱的频率域，然后通过加权滤波、低通滤波过滤噪声，Wigner 变换与加权滤波、低通滤波的结合有效地将噪声和信号分离，但其对截止频率的参考信号质量要求更高；Robnik 和 Seljak 提出了一种基于高斯匹配滤波的行星检测技术。目前，低信噪比光谱分析和处理方法存在较多问题，针对低信噪比光谱流量分布特征开展分析的研究较少。本节先从低信噪比光谱流量分布特征分析出发，利用影响空间的相关理论和数据场分析低信噪比光谱的流量分布特征并实现低信噪比光谱的特征提取，然后对特征谱进行聚类分析，最后探讨各类低信噪比光谱的形成原因。

1．数据选择

本节从 LAMOST DR5 pipeline 分类为 Unknown 的光谱中选取 50000 条光谱进行实验。以可能存在特征线波长范围的局部谱（4000～5500Å、6300～7000Å、8400～8800Å）为数据对象，利用影响空间和数据场对局部谱进行分解和特征提取，并对特征谱（见图 6.5 中的分解光谱-0）进行聚类，进而分析各类光谱的差异，揭示各类低质量光谱的形成原因。

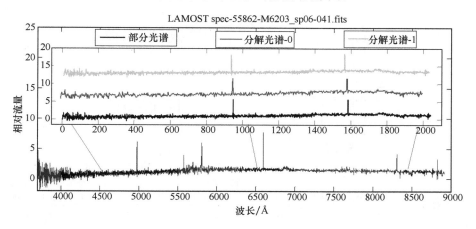

图 6.5 实验数据样例

2．特征分析方法

本节以位于同一影响空间中的数据为一个小集团且数据分布的稠密程度与小集团中的成员数成正比，每个数据通过场发射的能量随距离的增加而减少。光谱中的特征线分布稀疏，相对远离小集团内的其他非特征线，数据场相对较弱。各流量（相对）的数据场计算方式如下：

$$\varphi_{X_i}(X_j) = \left| \mathrm{IS}(X_i) \right| \times \sum_{X_j \in \mathrm{IS}(X_i)} \exp\left(-\left(\frac{\left\| X_i - X_j \right\|}{\sigma_i} \right)^2 \right) \tag{6.1}$$

式中，X_i 为样本点，$X_i=(f_i,w_i)$（f_i 和 w_i 为 X_i 的流量和波长），$\left| \mathrm{IS}(X_i) \right|$ 为 X_i 的影响空间的成员数，$\left\| X_i - X_j \right\|$ 为样本点 X_i 到 X_j 的欧氏距离。

根据数据场对各样本点降序排列，并依次访问排序后的各点及其所在小集团的所有元素。将点的初始访问标志置为 0，访问后将访问标志修改为 1。原始光谱被分解为 0、1 对应的两条谱线，以访问标志位为 0 的点为特征谱开展聚类分析。

以各特征谱所在小集团的数据场均值为插值，对特征谱进行波长统一和流量插值，并对插值后的特征谱开展 K-means 聚类。

3．结果讨论

本节对 50000 条 Unknown 光谱进行了 K-means 聚类分析，将特征谱划分为 5 类（Type1~Type5），每类低信噪比光谱聚类中心及范例如图 6.6～图 6.10 所示，其中上图为中心光谱，下图为两条随机光谱。

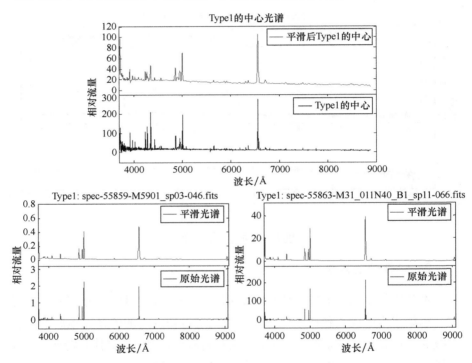

图 6.6　Type1 低信噪比光谱聚类中心及范例

Type1（见图 6.6）：主要特征为连续谱信噪比较低，导致 LAMOST pipeline 模板匹配结果置信度较低，被分类为 Unknown。但是通过特定波长段较强的发射线特征，可以计算其视向速度（或红移），从而可以对光谱类型做出初步判断。该类光谱占比较小，约为 2.7%。

Type2（见图 6.7）：主要特征为光谱信噪比不低，且光谱蓝端或红端出现疑似特征线或分子带，但与线表无法匹配，此类光谱的类型基本无法判断，约占 Unknown 光谱总数的 23.6%。

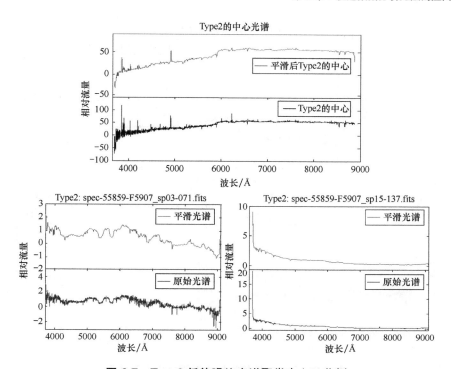

图 6.7　Type2 低信噪比光谱聚类中心及范例

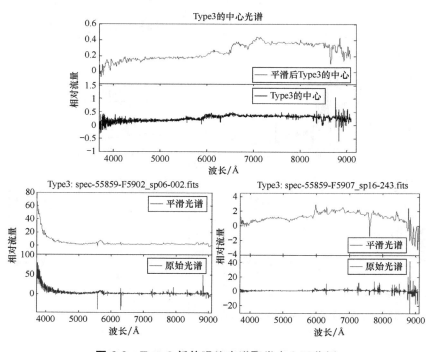

图 6.8　Type3 低信噪比光谱聚类中心及范例

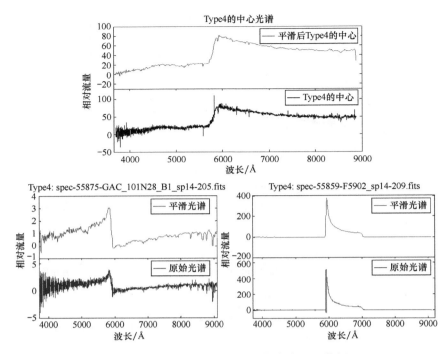

图 6.9　Type4 低信噪比光谱聚类中心及范例

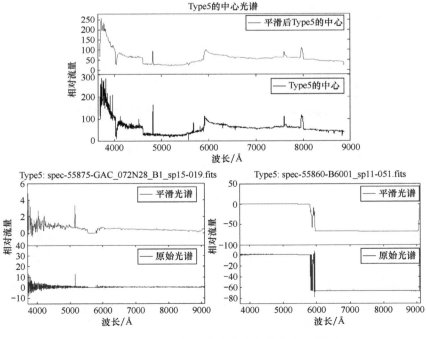

图 6.10　Type5 低信噪比光谱聚类中心及范例

Type3（见图 6.8）：主要特征为光谱蓝端信噪比极低，其他波长区域的连续谱和线的特征较弱，特征分析能发现部分疑似特征线，但是无法判断其类别，此类光谱占比达 48.0%。

Type4（见图 6.9）：主要特征为红、蓝两端拼接问题导致 5700～5900Å 波长区域局部光谱的凸起明显，其他波长区域的连续谱和线的特征较弱，模板匹配的效果较差。在屏蔽 5700～5900Å 波长区域凸起的光谱后，可进一步识别其光谱类型，尤其是对于某些珍稀天体的搜寻具有较高的价值，约占 24.2%。

Type5（见图 6.10）：主要特征为存在大量缺省值，曲线中部分位置为一条平直线，特征信息丢失，无法分辨其类别，约占 1.5%。

4．光谱的天区分布分析

图 6.11 统计了各类低信噪比光谱的比例及其在天区中的分布。可以看出，5 类光谱总体分布在 B、F、GAC 和 M 天区中，基本未呈现 HD 和 VB 天区中的光谱，其中 M 和 F 等较暗天区光谱的比例较高，而 B 和 GAC 天区光谱的比例相对较小；相比其他类型，Type1 在 M 天区被观测到的比例较高，这和该类光谱信噪比总体较低，而发射线可以识别的特征是一致的。

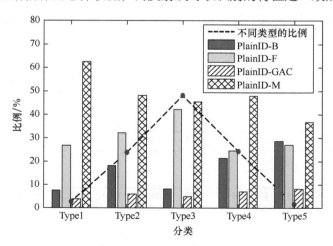

图 6.11 各类低信噪比光谱的比例及其在天区中的分布

5．观测时的视宁度分析

图 6.12 给出了各类低信噪比光谱在观测时的视宁度分布，图中未呈现明显的规律，视宁度大于 2.8"的光谱占比较大，即这些 Unknown 光谱观测

时的环境较差，而 Type3 光谱有小部分观测环境较好，是其他原因导致的 pipeline 无法有效识别。

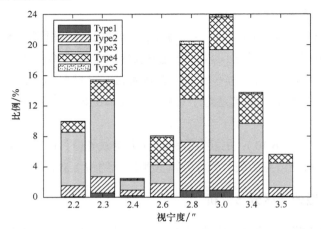

图 6.12　各类低信噪比光谱在观测时的视宁度分布

6．观测目标的亮度分析

图 6.13 为各类低信噪比光谱的亮度分布。可以看出，各类天体的星等峰值集中在 17mag，统计图的轮廓有向较暗方向偏峰的特点，但特别暗的接

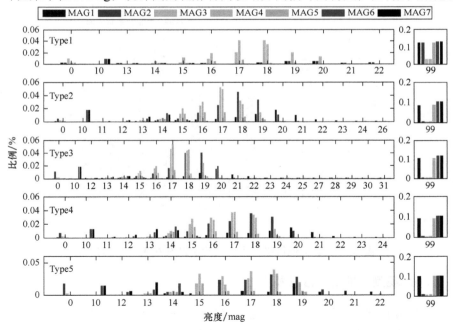

图 6.13　各类低信噪比光谱的亮度分布

近 LAMOST 极限星等的极少。因此，目标天体的亮度影响光谱质量，从而被 LAMOST pipeline 识别的可能性比较小。

7. 各类光谱的光谱质量分布

我们在图 6.14 中统计了各类光谱在各波段的信噪比（SNR）分布。光谱信噪比大致为(0,30)，Type5 光谱信噪比相对较高；红、蓝两端，尤其是蓝端的光谱（波长较短的光谱）质量对整条光谱的影响较大，而 i、Z 波段的光谱质量相对较高，这与 LAMOST 整体的信噪比分布基本一致，即本次分类与光谱质量的分布没有直接关系。

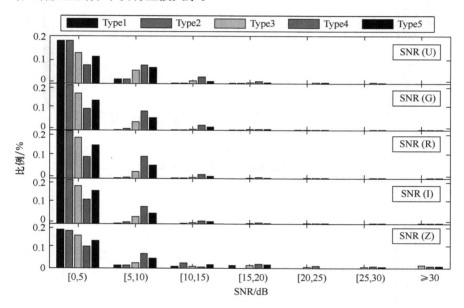

图 6.14　各类光谱在各波段的信噪比分布

8. 光谱仪与光纤分布

图 6.15 为各类光谱在光谱仪和光纤 ID 上的统计分布。各类光谱分布的主要光谱仪 ID 分别为：3、12、15；1、12、16；1、6、13、15、16；1、12、13、14；1、5、10、11、15。这说明上述光谱仪观测的光谱质量总体较差。以 Type5 为例，除 4、12 和 16 号光谱仪上没有出现数据点外，其余光谱仪上均有数据点分布；1 号光谱仪的 19 号光纤，5 号光谱仪的 19 号光纤，10 号光谱仪的 19 号和 105 号光纤，11 号光谱仪的 49 号光纤及 15 号光谱仪的 19 号光纤出现的低质量光谱较多，分别占该类光谱的 5.41%、5.41%、6.76%

和 5.41%、9.46%及 5.41%。对于这些光谱仪和光纤所对应的光谱，在深入分析时需要进行检验。上述统计数据对数据处理与分析乃至设备维护等工作具有一定的指导意义。

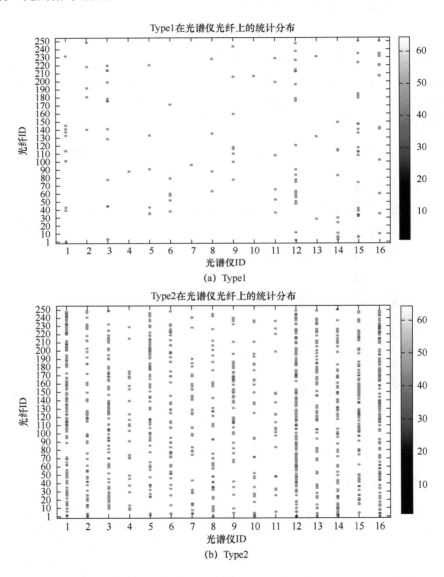

图 6.15　各类光谱在光谱仪和光纤 ID 上的统计分布

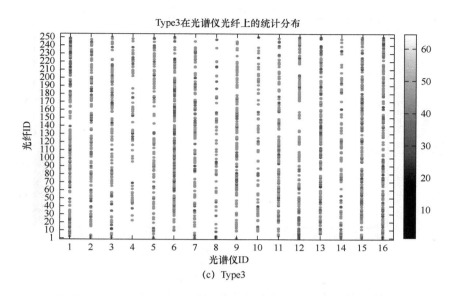

（c）Type3

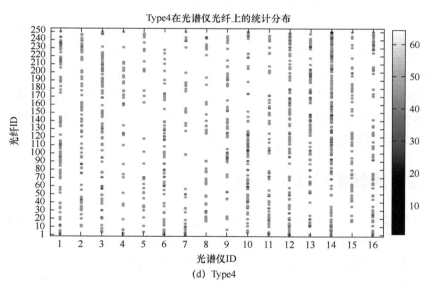

（d）Type4

图 6.15　各类光谱在光谱仪和光纤 ID 上的统计分布（续）

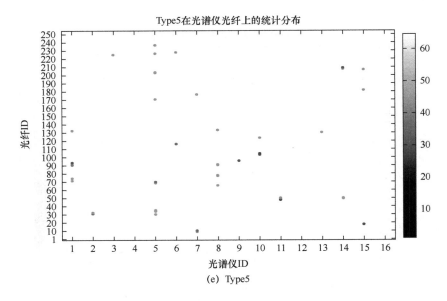

(e) Type5

图 6.15　各类光谱在光谱仪和光纤 ID 上的统计分布（续）

　　本节分析了低信噪比光谱的分布特征，给出了一种低信噪比光谱的分解和聚类分析方法。该方法借助影响空间和数据域的相关技术分析了光谱流量的空间分布，然后依据上述分布对低信噪比光谱进行分解和特征提取，最后在特征光谱上完成了最终的聚类和结果分析。本节将所有低信噪比光谱分成了 5 类并揭示了各类光谱的形成原因，不仅为光谱观测计划的制订提供了依据，还为低信噪比光谱分析和处理提供了新的手段。

6.2　旋转机械故障诊断

　　制造业是国民经济的支柱。推动制造业快速发展，成为提升国家经济和国民生活水平的关键手段。我国制造业在改革开放 40 余年的发展中，整体实力不断增强，国际竞争力显著提高。我国已迅速发展成"制造大国"，下一阶段的目标就是向"制造强国"迈进。2021 年，十三届全国人大四次会议通过的《中华人民共和国国民经济和社会发展第十四个五年规划和 2035 年远景目标纲要》提出了"推动制造业优化升级"。这为实现"制造强国"指明了方向：大力推进传统制造业的转型升级，由"传统制造"向"智能制造"迈进势在必行。随着 5G、工业互联网、大数据、人工智能等先进技术的快速发展，智能制造已经渗透到各行业的产品设计及制造、零部件生产、系统集成及服务、设备管理及维护等众多环节中。据《2020—2025 年中国智能制造行业市场前瞻与未来投资战略分析报告》统计，我国智能制造行业的发展正在不断成熟，2020 年智能制造行业的市场规模已经远远超过了 10000 亿元。在智能制造背景下，对以智能技术为主导的智能机械装备的需求增加，与此同时，人们对于智能机械装备的要求也越来越高，实现装备管理自动化、智能化、信息化，降低管理和维护成本已经成为推动智能机械装备发展的迫切需求。在上述背景下，机械设备故障诊断作为机械设备管理及推动智能机械装备发展的重要手段成了各行各业关注的热点。

6.2.1　问题描述

智能机械装备中的一大类重要机械就是旋转机械，它通过旋转动作来完成特定任务。生活中常见的旋转机械包括各种发电机组、发动机、汽轮机组、电动机、风机、轧机、压缩机、离心泵、搅拌机等，这些机械是机械制造、电力系统、航空事业、石油化工、国防系统等关键领域的重要设备。随着工业进程的不断推进，旋转机械的智能化水平显著提高、内部结构更加精密复杂，机械中涉及的各种元器件越来越多。各种元器件都可能发生不同程度和类型的故障，影响正常生产生活秩序，加之长期所处的恶劣工作环境，使得旋转机械中转子、轴承等核心零部件发生损耗的概率增加了。如果没有及时发现并处理上述核心部件所发生的故障，则严重情况下可能造成生命和财产损失。例如，1986 年 4 月 26 日，切尔诺贝利核电站 4 号机组发生事故并引发了严重核污染。1992 年 6 月，日本某电厂的一台火力发电机组在超速试验中发生严重毁机事故，造成 50 亿日元的经济损失。从上述例子中可以看出，旋转机械故障带来的损失是巨大的，甚至无法弥补，而要做到完全规避故障的发生是不现实的，我们能做的就是对旋转机械健康状况进行管理，早发现故障，早做出处理，从而避免或减少损失。

旋转机械故障诊断就是利用监测设备采集旋转机械的运行状态数据（如振动幅值、振动频率、噪声、温度等）并对其进行分析和处理，从而有效地确保旋转机械设备的安全运行。随着旋转机械向大型化、复杂化、精密化、智能化等方向发展，其运行状态数据具有以下特征：①质量低，采集到的信号中通常包含噪声，噪声的存在使得故障诊断的精度大大降低；②高维海量，数据量已经达到 PB 级以上，特征数达近千维，依靠专业人员手动分析或大量人为干预已经无法满足旋转机械故障诊断的需求；③价值密度低，旋转机械振动信号具有周期性，导致采集到的数据含有大量重复信息，数据价值密度低，需要对数据进行特征提取；④多样性，数据中可能存在多工况耦合、多种故障彼此影响的情况，很难完全表征和掌握故障机理；⑤时效性强，微小的故障也可能导致机械装备受损，甚至造成重大事故，需要保证诊断的时效性，以便及时预警。

目前，常用的构建旋转机械故障诊断系统的方法包括：神经网络、决策树、遗传算法、SVM 等。但这些方法存在对噪声敏感、只能处理线性或非线性故障、需要大量的人为干预和参数控制等不足，无法满足复杂工况下的旋转机械故障诊断需求。出现上述现象的主要原因如下。①旋转机械容易受到系统中各种零部件制造误差、装配误差、磨损等因素的影响，使得采集到的旋转机械运行状态数据（如振动幅值、振动频率、噪声、温度等）包含大量噪声，这些噪声降低了旋转机械故障诊断的有效性和准确性。而旋转机械故障诊断中常用的小波降噪、形态滤波、时频分析、模态分解等信号处理方法都依赖于故障机理，不适用于多故障耦合的复杂工况。②旋转机械运行状态数据的低价值密度和低质量特征使得在旋转机械故障诊断前需要进行特征提取操作。常用特征提取方法包括：高阶谱分析技术、包络解调、基于傅里叶分析的经典功率谱分析、基于线性理论或非线性理论的时频分析等。在这些方法中基于线性理论的时域和频域分析较为成熟，但对非线性复杂信号的处理效果并不理想，且上述方法均依赖于故障机理。③旋转机械故障诊断已经进入大数据时代，需要故障诊断模型能够适应故障诊断大数据的分析需求。而部分旋转机械故障模型无法处理高维数据，同时需要大量的人为干预和参数控制，无法实现模型的自动分析。

转子及轴承系统作为旋转机械最核心的部件，在运转过程中发生相互作用，是影响旋转机械安全平稳运行的关键因素。现有的大部分旋转机械故障诊断方法将转子和轴承视为一个系统（即转子系统），根据系统特征来分析旋转机械的故障。此外，已有研究表明，旋转机械所发生故障的 30% 是由滚动轴承引发的，因此轴承故障诊断也是旋转机械故障诊断中的热点。目前，转子-轴承系统的故障分析方法主要包括：时频分析、Hilbert-Huang 变换、小波包变换、经验模式分解等。近年来，支持向量机、神经网络等方法也逐渐在旋转机械故障诊断领域得到广泛应用。但上述方法存在很多不足，如对噪声敏感、只能处理线性或非线性故障、需要大量的人为干预和参数控制、无法处理高维数据等。

因此，本节以旋转机械的转子和轴承振动信号为分析对象，利用前面章节的相关技术揭示转子和轴承振动信号的分布特征和属性之间的相关性，并依此分别对转子和轴承建立故障诊断模型并对转子和轴承的振动信号进行聚类分析，获得不同的故障簇，从而判定转子和轴承的运行状态。上述方法可以为旋转机械运行状态数据的预处理提供方法借鉴，为旋转机械故障诊断提供决策支持，并推动旋转机械故障诊断的自动化、智能化进程。

6.2.2　转子及轴承系统故障简介

1. 转子系统故障简介

转子系统在运行中时有故障发生，利用从系统中采集的振动信号能够有效判别系统的运行状态并对故障进行诊断。转子系统的轴心轨迹由同一截面上的两组垂直的振动信号合成，通过轴心轨迹形态能够直观、形象地获得转子系统的故障信息。这是目前较为流行的旋转机械故障诊断方法。

轴心轨迹的形态直接反映设备的运行状态。例如，当轴心轨迹呈现外8字形时，故障原因为转子不对中或轴裂纹；当轴心轨迹呈现椭圆形时，故障原因为转子不平衡或轴裂纹。目前，常见的轴心轨迹形态及其故障原因如表 6.4 所示。

表 6.4　常见的轴心轨迹形态及其故障原因

轴心轨迹形态	故　障　原　因
椭圆形	转子不平衡、轴裂纹
香蕉形	转子不对中、轴裂纹
外 8 字形	转子不对中、轴裂纹
内 8 字形	油膜涡动
花瓣形	油膜震荡（不规则花瓣）、动静件摩擦（规则或不规则花瓣）
不规则图形	机械松动

但旋转机械容易受到系统中各种零部件制造误差、装配误差、磨损等原因的影响，使得轴心轨迹形态没有规律。以花瓣形的轴心轨迹为例，理想工作状态下的轴心轨迹如图 6.16（a）所示，在受到噪声影响后轴心轨迹如图 6.16（b）所示。上述带噪声的轴心轨迹形态是无规律的，无法判断其是由哪种故障导致的。为了实现高效的故障诊断，需要对图 6.16（b）中的轴心轨迹进行预处理，然后对预处理后的轴心轨迹进行故障诊断，从而判定旋转机械的运行状态。

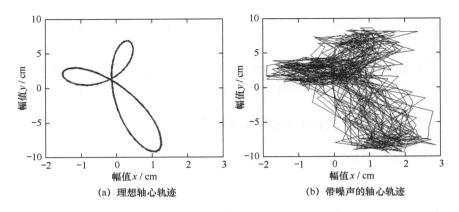

(a) 理想轴心轨迹　　　　　　　　(b) 带噪声的轴心轨迹

图 6.16　理想轴心轨迹和带噪声的轴心轨迹

　　本章原型系统中分析和处理的轴心轨迹数据来自文献中公开的数据集。转子系统的轴心轨迹数据存储为 .txt 文件,轴心轨迹数据格式如表 6.5 所示。该轴心轨迹的采样频率为 800Hz,包含 x、y 方向的两组振动信号,通过合成两组信号获得不同形态的 5000 条轴心轨迹。原型系统中分析和处理的轴心轨迹样本数据如表 6.6 所示。

表 6.5　轴心轨迹数据格式

坐标	P0	P1	P2	P3	P4	P5	⋯	P800
$X(t)$	0.000	0.190	0.370	0.530	0.660	0.754	⋯	0.814
$Y(t)$	4.833	3.571	2.112	0.536	−1.069	−2.615	⋯	−5.197

　　如表 6.6 所示,每条轴心轨迹均包含 801 个轴心轨迹点,样本数据涵盖了椭圆形、香蕉形、外 8 字形、内 8 字形和花瓣形共 5 类样本,每类样本中的样本数均为 1000 条,不同形态的轴心轨迹样例如图 6.17 所示。轴心轨迹由于受到噪声影响很难分辨出其形态特征,加大了故障诊断的难度。因此,本节从轴心轨迹分布特征和属性相关性的角度出发,先利用 ARIS 框架对轴心轨迹进行包含噪声检测和特征提取在内的预处理操作;然后,利用 NMAST 函数获得预处理后的轴心轨迹的密度分布;最后,利用 NAPC 故障诊断模型对密度分布进行聚类分析,使密度分布相同的轴心轨迹被划分为同一个簇,即密度分布相同的轴心轨迹对应同一种故障类型。

表 6.6　轴心轨迹样本数据

轴心轨迹形态	采样频率/Hz	轨迹点数/个	样本数/条	类 别 标 号
椭圆形	800	801	1000	1
香蕉形	800	801	1000	2

（续表）

轴心轨迹形态	采样频率/Hz	轨迹点数/个	样本数/条	类 别 标 号
外 8 字形	800	801	1000	3
内 8 字形	800	801	1000	4
花瓣形	800	801	1000	5

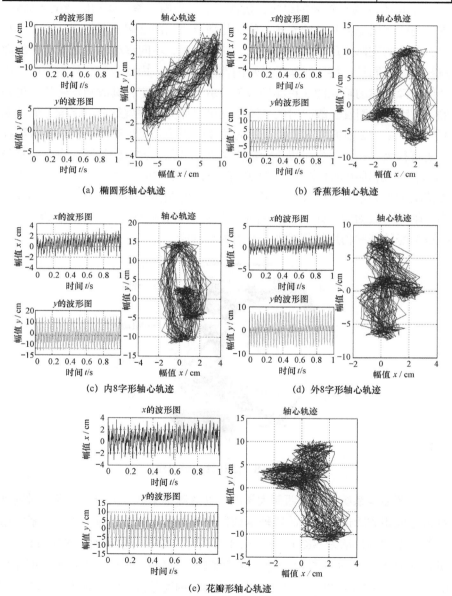

图 6.17　不同形态的轴心轨迹样例

2. 轴承系统故障简介

轴承故障分析也是判断旋转机械运行状态的一个重要手段。旋转机械中的常见轴承包括滚动轴承和滑动轴承，其中滚动轴承在旋转机械中的应用更加广泛。本节以滚动轴承为例简单描述其故障类型。

图 6.18 为滚动轴承的组成，包括内圈、外圈、滚动体和保持架 4 部分。内圈与轴互相配合并高速旋转；外圈与轴承座相配合起支撑作用；滚动体利用保持架的支撑作用均匀分布在内、外圈之间，不同滚动轴承上滚动体的数量和形状不同且直接影响滚动轴承的性能和寿命。内圈故障、外圈故障、滚动体故障是滚动轴承的 3 种典型故障。由于外圈固定，其故障发生位置也好确定，因此外圈发生故障时的故障位置可以作为其类型细分的标准，如外圈 3 点、6 点、12 点方向的故障。不同故障的损失直径和深度也不同，故障损伤的直径大小和深度也可以作为故障类型细分的标准，如外圈 3 点方向直径 7 密耳（1 密耳=0.001 英寸）、14 密耳、21 密耳、28 密耳和 40 密耳损伤等。当滚动轴承的不同部位发生故障时，振动的时频信号呈现不同规律。不同状态下轴承的振动信号如图 6.19 所示。分析不同故障类型下获取的振动信号，提取信号特征并利用特征对轴承开展故障诊断。

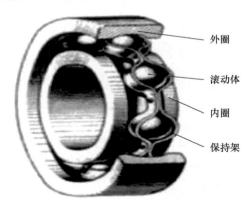

外圈

滚动体

内圈

保持架

图 6.18　滚动轴承的组成

本章原型系统以凯斯西储大学的公共故障轴承数据为分析对象，对其进行预处理和故障诊断，该故障轴承数据使用电火花加工的单点损伤。系统选用的是驱动端轴承为 SKF6205、采样频率为 12kHz、转速为 1797r/min、电机负载为 0hp 的轴承振动信号，包含了轴承损伤直径分别为 0.007 英寸和 0.021 英寸，损伤深度均为 0.011 英寸的轴承内圈故障、外圈故障和滚动体故障各 2 组，正常轴承数据 1 组。具体的轴承数据样本如表 6.7 所示。

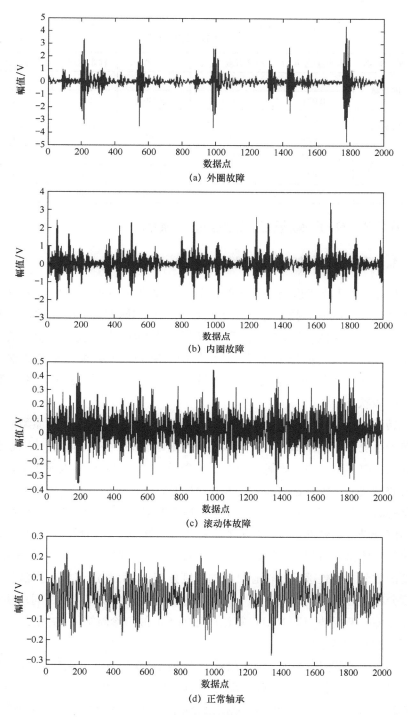

(a) 外圈故障

(b) 内圈故障

(c) 滚动体故障

(d) 正常轴承

图 6.19　不同状态下轴承的振动信号

表 6.7　轴承数据样本

故障分类	损伤直径/英寸	损伤深度/英寸	轨迹点数/个	样本数/个	类别标号
外圈故障	0.007	0.011	2000	500	1
	0.021	0.011	2000	500	2
内圈故障	0.007	0.011	2000	500	3
	0.021	0.011	2000	500	4
滚动体故障	0.007	0.011	2000	500	5
	0.021	0.011	2000	500	6
正常轴承	0	0	2000	500	7

6.2.3　转子–轴承故障诊断原型系统

1．系统统一构架及功能设计

转子–轴承故障诊断原型系统以转子系统和轴承的振动信号为分析对象，通过聚类的思想揭示振动信号的数据分布和属性之间的相关性，从而获取振动信号中的故障信息。该系统首先利用 ARIS 特征提取框架对转子轴心轨迹和轴承振动信号预处理，然后借助 NMAST 函数和 NAPC 算法对预处理后的转子系统和轴承的振动信号进行故障分析，以确定转子系统和轴承的健康状态。

转子–轴承故障诊断原型系统的功能模块如图 6.20 所示，该原型系统包含转子系统故障诊断和轴承故障诊断两大主体模块。各主体模块分别包含数据导入、数据预处理、智能故障诊断 3 个子模块。在数据导入模块中，定位原始数据文件位置并选择需要处理的原始数据。数据预处理模块根据用户需求绘制时频波形图，并利用 ARIS 特征提取框架对转子系统轴心轨迹和轴承振动信号进行预处理。转子系统的智能故障诊断模块和轴承的智能故障诊断模块的具体执行流程稍有不同。其中，转子系统故障诊断模块利用 NMAST 密度函数分析预处理后的轴心轨迹的密度分布，然后利用 NAPC 算法将上述密度分布划分到不同的簇，同一个簇内的轴心轨迹的故障类型相同；轴承的智能故障诊断模块借助 NAPC 算法创建轴承的故障诊断模型，并借助上述模型开展轴承故障诊断。

（1）界面设计。转子–轴承故障诊断原型系统以 MATLAB 7.0 GUI 为开发工具，界面设计遵循简单、清晰、方便操作的基本原则，系统首页界面如图 6.21 所示，在首页上单击相应按钮分别进行转子系统和轴承故障检测。

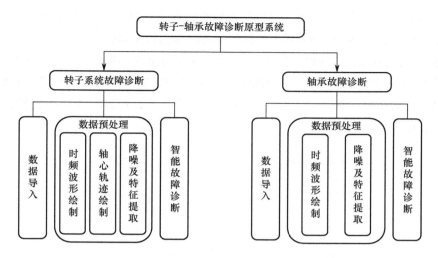

图 6.20　功能模块

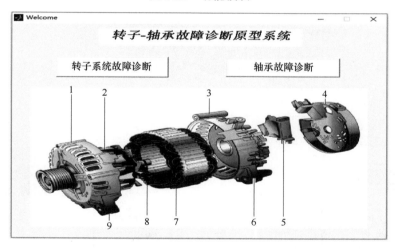

图 6.21　系统首页界面

（2）功能模块设计。通过单击图 6.21 中的"转子系统故障诊断"或"轴承故障诊断"按钮分别进入转子系统或轴承的故障诊断模块。以转子系统故障诊断模块为例，其包含的主要功能如下。

① 数据导入模块：通过单击系统导航栏选项打开本地计算机的文件管理器，通过指定文件目录选择转子系统轴心轨迹数据文件，如图 6.22 所示。

② 数据预处理模块：数据预处理模块提供图像绘制、降噪及特征提取、保存 3 种功能。通过单击图像绘制选项进入如图 6.23（a）所示的界面，在界面文本输入框中输入相应的数据文件编号并单击下方的绘制按钮，会在右

方显示面板中显示相应的时频曲线或轴心轨迹。通过单击"降噪及特征提取"选项出现如图 6.23（b）所示的界面，在该界面的文本数据框中输入近邻参数 M 的值并单击"预处理"按钮，系统会根据 ARIS 框架的操作流程对选定的数据进行预处理操作。单击图 6.23（b）中的"结果显示"按钮将上述预处理结果在显示面板中显示，通过单击"保存"按钮可实现将预处理结果保存到相应的.txt 文件中。

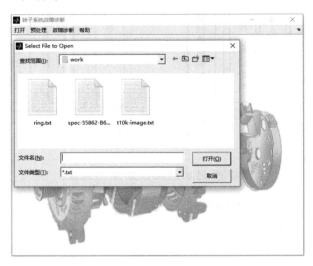

图 6.22　数据导入

（a）图像绘制

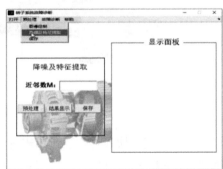

（b）降噪及特征提取

图 6.23　数据预处理

③ 故障诊断模块：转子系统和轴承故障诊断模块的设计有所差异。转子系统故障诊断模块设计如图 6.24 所示。首先，利用第 5 章中的 NMAST 函数计算预处理后的转子轴心轨迹的密度函数值用于描述不同轨迹的密度分

布，然后利用 NAPC 算法分析上述密度分布，从而将转子轴心轨迹划分为不同的故障簇。上述故障诊断过程中需要用户指定 NMAST 函数中的邻域半径 R。轴承故障诊断使用无参密度聚类算法 NAPC 对预处理后的轴承数据进行故障分析，从而确定轴承故障类型，不需要人为设定参数。

图 6.24　转子系统故障诊断模块设计

2. 系统关键技术

（1）数据预处理。数据预处理的主要任务是对数据进行降噪和特征提取操作，系统中涉及的关键技术为第 3 章中给出的 ARIS 特征提取框架。

以表 6.5 中的一条轴心轨迹数据为例，其噪声检测需要进行以下操作：首先，根据式（2.3）计算点 P0 到点 P800 中各点的影响空间 IS；其次，根据式（2.4）计算 P0 到 P800 各点的排序因子（RF），以评估上述各点是噪声的可能性；最后，根据式（2.5）检测该轨迹数据中的噪声并删除，获得干净的数据集 CD。以上述 CD 为处理对象，特征提取阶段的主要任务为，对 CD 中所有轨迹点的 RF 值由大到小进行降序排列得到序列 V，并根据 V 对 CD 中各点的 IS 进行访问，从而划分特殊微簇并获得微簇中心（具体过程见 3.2 节），以所有微簇的中心为数据分布特征的代表对其进行提取，从而完成轴心轨迹数据的特征提取任务。

（2）故障诊断。故障诊断的主要任务是对预处理后的数据进行聚类分析并将数据划分为不同的簇，使得同一簇中的数据属于同一种故障类型或同属于正常运转状态。系统中涉及的关键技术为第 5 章中的 NMAST 密度函数及第 4 章中的 NAPC 聚类算法。

以表 6.6 中的轴心轨迹样本数据为例,其包含 5 类共 5000 个样本点,每个样本点的维数为 801 且对应一条轴心轨迹。首先,对该批数据中的每个样本点进行预处理获得每条轴心轨迹的特征;其次,根据式(5.6)计算用户给定参数 R 下各样本点的 NMAST 函数值,以获得各转子轴心轨迹的密度分布;最后,利用 NAPC 聚类算法对各样本点的密度分布进行聚类分析,从而将轴心轨迹划分为不同的故障簇并分析各簇的故障信息。

6.2.4 转子系统故障诊断结果展示

1. 转子系统数据预处理

在转子系统数据预处理界面的文本框中输入相应的轴心轨迹编号可以开始对其进行数据预处理,如图 6.25 所示。

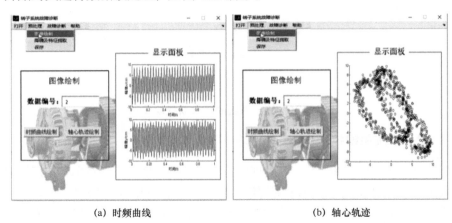

(a) 时频曲线　　　　　　　　　　　　　　(b) 轴心轨迹

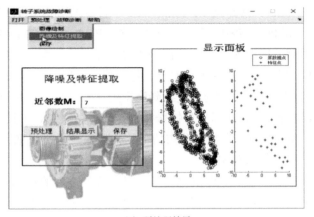

(c) 预处理结果

图 6.25　数据预处理

以编号为 2 的轴心轨迹数据为例，在文本框中输入 2 并单击"时频曲线绘制"按钮获得如图 6.25（a）所示的时频曲线；单击"轴心轨迹绘制"按钮获得如图 6.25（b）所示的轴心轨迹。在如图 6.25（b）所示的"降噪和特征提取"界面中输入近邻数 M 并单击"预处理"按钮，可利用 ARIS 框架对图 6.25（b）中的轴心轨迹进行数据预处理。

图 6.25（c）展示了近邻数 M 取值为 7 时的轴心轨迹的预处理结果，显示面板中黑色点组成的轴心轨迹为数据预处理前的原始轴心轨迹，星号标记的点为预处理后提取到的轴心轨迹的特征点。对比预处理前后的轴心轨迹可以发现：预处理后相对远离整体数据分布的部分点被剔除，轴心轨迹的形态清晰可辨。此外，预处理后的轴心轨迹的特征点数量明显少于原始轴心轨迹中轨迹点的数量。上述预处理后的轴心轨迹不仅能够为有效开展转子系统故障诊断提供可靠数据，同时也为后续诊断工作节约了时间。

图 6.26 以不同形态的轴心轨迹为例，进一步说明了轴心轨迹的预处理结果，图中带有不同标记的轨迹点的含义与图 6.25（c）中的轴心轨迹一致。由图 6.26 中的预处理结果可以看出：原始轴心轨迹中部分远离整体数据分布的噪声点在预处理后被剔除了，所有星号特征点构成的轴心轨迹的分布规律更加清晰。根据星号特征点所示的轴心轨迹可以确定如图 6.26 中（a）～（h）所示的轴心轨迹的形态分别为：香蕉形、香蕉形、外 8 字形、外 8 字形、内 8 字形、内 8 字形、花瓣形、花瓣形。此外，星号特征点的数量相比原始轴心轨迹中轨迹点的数量显著减少。由此可见，采用 ARIS 框架能够在保持轴心轨迹形态特征的基础上尽可能减少轴心轨迹中的数据量，这将有助于提升故障诊断效率。

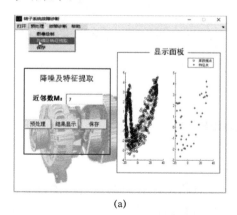
(a)

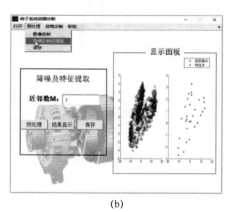
(b)

图 6.26　预处理结果

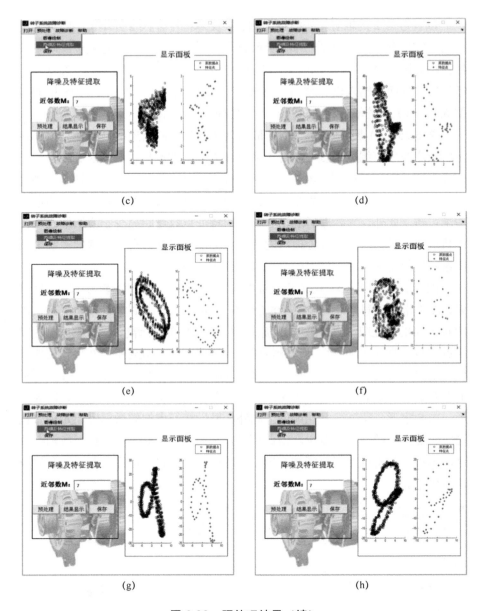

图 6.26 预处理结果（续）

2．转子系统故障诊断

以上述预处理后的轴心轨迹为进一步分析对象，对其进行故障诊断。首先，在如图 6.24 所示的参数设置界面中输入邻域半径 R 值；然后单击"NMAST 密度"按钮计算预处理后轴心轨迹的 NMAST 密度函数值，如图

6.27（a）所示，从而获得轴心轨迹的密度分布；最后，单击"NAPC 聚类"按钮对上述密度分布进行分析，将各轴心轨迹归为不同的故障簇。以 R 取值为 15 时的故障诊断为例，单击"NMAST 密度"按钮来分析预处理后的轴心轨迹，NMAST 函数的计算结果如图 6.27（a）所示。

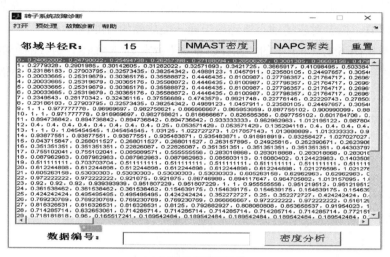

(a) NMAST 密度分析

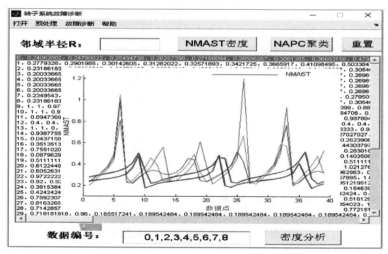

(b) 密度分析可视化

图 6.27　NMAST 密度分析及可视化

图 6.27（a）中各行的第一个数值为轴心轨迹编号，其余值为该预处理后的轴心轨迹的 NMAST 函数值。在图 6.27（a）下方的"数据编号"文本

框中输入轴心轨迹编号并单击"密度分析"按钮可以对 NMAST 密度分析的结果进行可视化。例如，在数据编号后的文本框中输入 0,1,2,3,4,5,6,7,8，然后单击"密度分析"按钮可以获得如图 6.27（b）所示的曲线。由这些曲线可以看出，不同曲线相似度不一样，曲线越相似表明 NMAST 函数下其密度分布越接近，则轴心轨迹形态的相似度也越高。根据上述分析可以推断：曲线越相似，二者对应的轴心轨迹属于同一类故障的可能性越大。

单击图 6.27（b）中的"NAPC 聚类"按钮对 NMAST 函数的密度分析结果进行故障分析，从而将轴心轨迹分成不同的故障簇。上述过程不需要参数设置，诊断结果如图 6.28 所示。

转子系统故障诊断

打开　预处理　故障诊断　帮助

转子系统故障诊断结果显示　　正确率　0.91

编号	数据量	特征点数	簇号	形态	诊断
NoiseTrajectory0	801	39	1	椭圆	转子不平衡、轴裂纹
NoiseTrajectory1	801	41	2	香蕉	转子不对中、轴裂纹
NoiseTrajectory2	801	45	5	花瓣	油膜震荡、动静件摩擦
NoiseTrajectory3	801	40	3	内8	油膜涡动
NoiseTrajectory4	801	40	3	内8	油膜涡动
NoiseTrajectory5	801	46	2	香蕉	转子不对中、轴裂纹
NoiseTrajectory6	801	42	1	香蕉	不匹配,请检查质量偏心或部件磨损并结合特征频率
NoiseTrajectory7	801	37	5	花瓣	油膜震荡、动静件摩擦
NoiseTrajectory8	801	35	2	香蕉	转子不对中、轴裂纹
NoiseTrajectory9	801	36	3	内8	油膜涡动
NoiseTrajectory10	801	42	2	香蕉	转子不对中、轴裂纹
NoiseTrajectory11	801	40	2	香蕉	转子不对中、轴裂纹
NoiseTrajectory12	801	41	5	花瓣	油膜震荡、动静件摩擦
NoiseTrajectory13	801	40	1	内8	不匹配,请结合特征频率
NoiseTrajectory14	801	40	1	内8	不匹配,请结合特征频率
NoiseTrajectory15	801	42	5	花瓣	油膜震荡、动静件摩擦
NoiseTrajectory16	801	40	1	内8	不匹配,请结合特征频率
NoiseTrajectory17	801	41	3	内8	油膜涡动
NoiseTrajectory18	801	42	3	内8	油膜涡动
NoiseTrajectory19	801	42	5	花瓣	油膜震荡、动静件摩擦
NoiseTrajectory20	801	45	5	花瓣	油膜震荡、动静件摩擦
NoiseTrajectory21	801	39	5	花瓣	油膜震荡、动静件摩擦
NoiseTrajectory22	801	37	1	椭圆	转子不平衡、轴裂纹
NoiseTrajectory23	801	35	5	花瓣	油膜震荡、动静件摩擦
NoiseTrajectory24	801	36	2	香蕉	转子不对中、轴裂纹
NoiseTrajectory25	801	40	5	花瓣	油膜震荡、动静件摩擦
NoiseTrajectory26	801	41	5	花瓣	油膜震荡、动静件摩擦
NoiseTrajectory27	801	35	5	花瓣	油膜震荡、动静件摩擦
NoiseTrajectory28	801	36	2	香蕉	转子不对中、轴裂纹
NoiseTrajectory29	801	37	5	花瓣	油膜震荡、动静件摩擦
NoiseTrajectory30	801	38	5	花瓣	油膜震荡、动静件摩擦
NoiseTrajectory31	801	40	4	外8	转子不对中、轴裂纹
NoiseTrajectory31	801	71	4	外8	转子不对中、轴裂纹
NoiseTrajectory33	801	42	4	外8	转子不对中、轴裂纹
NoiseTrajectory34	801	43	4	外8	转子不对中、轴裂纹
NoiseTrajectory35	801	45	2	香蕉	转子不对中、轴裂纹
NoiseTrajectory36	801	42	1	椭圆	转子不平衡、轴裂纹
NoiseTrajectory37	801	39	1	椭圆	转子不平衡、轴裂纹
NoiseTrajectory38	801	38	1	椭圆	转子不平衡、轴裂纹
NoiseTrajectory39	801	37	1	椭圆	转子不平衡、轴裂纹
NoiseTrajectory40	801	36	2	外8	转子不对中、轴裂纹
NoiseTrajectory41	801	37	4	外8	转子不对中、轴裂纹
NoiseTrajectory42	801	36	4	外8	转子不对中、轴裂纹
NoiseTrajectory43	801	41	4	外8	转子不对中、轴裂纹
NoiseTrajectory44	801	42	4	外8	转子不对中、轴裂纹
NoiseTrajectory45	801	38	2	香蕉	转子不对中、轴裂纹

请输入查询数据编号：　　　[查询]

图 6.28　转子系统故障诊断结果

以图 6.28 中的第一条数据为例，编号为 0 的原始轴心轨迹包含 801 个数据点，预处理后获得 39 个特征点，经过故障分析后被分到了簇 1。由于该轴心轨迹形态为椭圆，通过查阅表 6.4 可知，椭圆形轨迹可能的故障原因为转子不平衡或轴裂纹，则该条轴心轨迹的最终诊断结果为转子不平衡或轴裂纹故障。此外，编号 6 的轴心轨迹的诊断结果为"不匹配"。出现上述诊断的原因是，编号 6 的轴心轨迹与 0 号轴心轨迹相比，二者都被分到了簇 1，但二者的轨迹形态却不同；考虑大部分被分到簇 1 的轴心轨迹为椭圆形，可以判定簇 1 内的大部分转子系统出现了转子不平衡或轴裂纹故障。在上述情况下，被分到簇 1 且形态为非椭圆形的转子系统的故障类型需要进一步分析。此时，进一步分析和诊断建议为"请检查质量偏心或部件磨损并结合特征频率"。如果转子系统出现质量偏心或产生磨损、侵蚀等作用且特征频率为 1 倍频，则该转子系统很可能出现了转子不平衡问题；如果转子系统不存在质量偏心、磨损、侵蚀且特征频率为 2 倍频，则该转子系统很可能存在转子不对中问题。

此外，从原始轴心轨迹的数据量和特征点数的对比可以看出，预处理后的一条轴心轨迹大概包含 40 个数据点，而一条原始轴心轨迹包含 801 个数据点，数据量的平均下降率超过 90%，而故障诊断的精度为 91%。由此可知，ARIS 框架在保留轴心轨迹分布特征的基础上最大限度地减少了后续故障诊断和分析需要处理的数据量。经过对轴心轨迹的特征进行分析可以初步对旋转机械所处的状态进行判断，并能够针对不一致的结果给出处理建议。

6.2.5　轴承故障诊断结果展示

1. 轴承数据预处理

轴承的故障诊断过程类似于转子系统的故障诊断过程。首先根据第 3 章中的 ARIS 框架对轴承振动信号进行预处理，然后利用第 4 章中的 NAPC 算法建立轴承故障诊断模型来分析轴承振动特征，并根据分析结果获得其故障类型。

在轴承数据预处理阶段，首先在数据预处理界面中输入近邻数 M 的值，并单击"预处理"按钮对轴承数据进行预处理，然后单击"结果显示"按钮将预处理结果通过显示面板呈现给用户。图 6.29 中的各子图分别以外圈故障、内圈故障、滚动体故障及正常轴承的振动信号为例，给出了当近邻数 M 为 7 时的数据预处理结果。

如图 6.29 所示，显示面板中的上下两条曲线分别是原始轴承振动信号和预处理后获得的振动特征信号。在图 6.29 的 4 个子图中，显示面板中曲线的形态基本保持一致，且预处理后获得的不同故障类型对应的曲线差异较为明显；预处理前振动信号的数据量为 2000，而预处理后振动特征信号的数据量大致为 360 左右。由上述分析可得：不同类型的轴承振动信号在数据预处理前后的基本形态保持一致，但预处理前后轴承振动信号的数据量存在明显差异。上述预处理后的轴承振动信号可以为后续轴承故障诊断提供数据支撑。

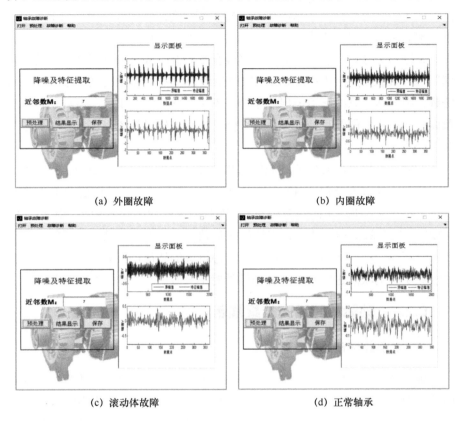

(a) 外圈故障　　　　　　　　　　　　(b) 内圈故障

(c) 滚动体故障　　　　　　　　　　　(d) 正常轴承

图 6.29　不同故障类型的轴承振动数据的预处理结果

2．轴承故障诊断

轴承故障诊断利用相应方法对上述预处理后获得的轴承振动特征信号进行分析，将振动特征信号分为不同的簇，进而判定同一簇内的轴承的健康状态。由于 NAPC 算法是一种无参数的分析方法，不需要参数控制，因此轴承故障诊断模块中没有参数设置。在轴承数据预处理完成后直接单击图 6.29 菜单栏上的"故障诊断"按钮，即开始轴承故障诊断工作。

轴承故障诊断的结果如图 6.30 所示。该诊断结果利用 NAPC 算法得到，故障诊断过程不需要人为指定故障类别数、各故障类别的中心、邻域半径等参数，减少了人为因素的干扰，有助于提高故障诊断结果的客观性。

以图 6.30 中的第一条数据为例进行说明。具体含义：编号为 1 的轴承振动信号为在轴承 SKF6205 上，以 12kHz 的采样频率、1797r/min 的转速、0 马力负载条件下采集得到的，其数据点数为 2000 个，特征点数为 370 个，故障诊断前其类别标签为 1（结合表 6.7 可知该轴承为外圈故障，且磨损直径和深度分别为 0.007 和 0.021 英寸），故障诊断后被分到了第一个簇（同一个簇中的轴承故障类型相同或同属于正常轴承）。通过查阅表 6.7 中给出的故障类型，我们可以知道该轴承外圈出现了磨损，磨损范围的直径为 0.007 英寸。

轴承故障诊断结果显示　正确率　0.89

编号	型号	采用频率	转速	负载	数据量	特征点数	标签	簇号	诊断
1	SKF6205	12KHz	1797	0	2000	370	1	1	外圈故障(0.007)
2	SKF6205	12KHz	1797	0	2000	369	1	1	外圈故障(0.007)
3	SKF6205	12KHz	1797	0	2000	362	1	1	外圈故障(0.007)
4	SKF6205	12KHz	1797	0	2000	361	1	1	外圈故障(0.007)
5	SKF6205	12KHz	1797	0	2000	347	1	1	外圈故障(0.007)
6	SKF6205	12KHz	1797	0	2000	342	1	1	外圈故障(0.007)
7	SKF6205	12KHz	1797	0	2000	351	1	1	外圈故障(0.007)
8	SKF6205	12KHz	1797	0	2000	370	2	1	外圈损伤,直径不匹配
9	SKF6205	12KHz	1797	0	2000	368	2	2	外圈故障(0.021)
10	SKF6205	12KHz	1797	0	2000	342	2	2	外圈故障(0.021)
11	SKF6205	12KHz	1797	0	2000	345	2	2	外圈故障(0.021)
12	SKF6205	12KHz	1797	0	2000	369	2	1	外圈损伤,直径不匹配
13	SKF6205	12KHz	1797	0	2000	340	2	2	外圈故障(0.021)
14	SKF6205	12KHz	1797	0	2000	341	2	2	外圈故障(0.021)
15	SKF6205	12KHz	1797	0	2000	361	3	3	内圈故障(0.007)
16	SKF6205	12KHz	1797	0	2000	362	3	3	内圈故障(0.007)
17	SKF6205	12KHz	1797	0	2000	361	3	3	内圈故障(0.007)
18	SKF6205	12KHz	1797	0	2000	363	3	3	内圈故障(0.007)
19	SKF6205	12KHz	1797	0	2000	365	3	3	内圈故障(0.007)
20	SKF6205	12KHz	1797	0	2000	365	3	3	内圈故障(0.007)
21	SKF6205	12KHz	1797	0	2000	362	3	3	内圈故障(0.007)
22	SKF6205	12KHz	1797	0	2000	347	4	4	内圈故障(0.021)
23	SKF6205	12KHz	1797	0	2000	348	4	4	内圈故障(0.021)
24	SKF6205	12KHz	1797	0	2000	352	4	3	内圈损伤,直径不匹配
25	SKF6205	12KHz	1797	0	2000	351	4	4	内圈故障(0.021)
26	SKF6205	12KHz	1797	0	2000	326	4	4	内圈故障(0.021)
27	SKF6205	12KHz	1797	0	2000	371	4	4	内圈损伤,直径不匹配
28	SKF6205	12KHz	1797	0	2000	368	4	4	内圈故障(0.021)
29	SKF6205	12KHz	1797	0	2000	365	5	5	滚珠故障(0.007)
30	SKF6205	12KHz	1797	0	2000	364	5	5	滚珠故障(0.007)
31	SKF6205	12KHz	1797	0	2000	368	5	5	滚珠故障(0.007)
32	SKF6205	12KHz	1797	0	2000	347	5	5	滚珠故障(0.007)
33	SKF6205	12KHz	1797	0	2000	347	5	5	滚珠故障(0.007)
34	SKF6205	12KHz	1797	0	2000	347	5	5	滚珠故障(0.007)
35	SKF6205	12KHz	1797	0	2000	347	5	5	滚珠故障(0.007)
36	SKF6205	12KHz	1797	0	2000	348	5	5	滚珠故障(0.007)
37	SKF6205	12KHz	1797	0	2000	346	6	5	滚珠损伤,直径不匹配
38	SKF6205	12KHz	1797	0	2000	351	6	5	滚珠故障(0.021)
39	SKF6205	12KHz	1797	0	2000	358	6	5	滚珠损伤,直径不匹配
40	SKF6205	12KHz	1797	0	2000	342	6	6	滚珠故障(0.021)
41	SKF6205	12KHz	1797	0	2000	347	6	6	滚珠故障(0.021)
42	SKF6205	12KHz	1797	0	2000	348	6	6	滚珠故障(0.021)
43	SKF6205	12KHz	1797	0	2000	362	7	7	正常轴承
44	SKF6205	12KHz	1797	0	2000	361	7	7	正常轴承
45	SKF6205	12KHz	1797	0	2000	362	7	7	正常轴承
46	SKF6205	12KHz	1797	0	2000	358	7	7	正常轴承

请输入查询数据编号：　　　　　查询

图 6.30　轴承故障诊断结果

在如图 6.30 所示的故障诊断结果界面中单击"正确率"按钮，可以统计轴承故障诊断结果的正确率并显示。统计结果显示：轴承故障诊断的精度达到了 0.89，正确区分了正常和故障轴承，以及故障轴承中出现故障的部件。但其中编号为 8、12、24、25、27 轴承的分组簇号和标签号不一致，且上述轴承故障诊断结果的共同之处为，正确判断了轴承故障是出现在外圈、内圈还是滚动体上，但对不同损伤直径的区分能力还有待提升，可能出现诸如将外圈 0.021 英寸磨损故障判定为外圈 0.007 英寸磨损故障的情况。

通过分析上述轴承振动信号的故障诊断结果可知：该系统可以在减少人

为干预的情况下准确区分正常轴承和故障轴承，并确定轴承中出现故障的部件是外圈、内圈还是滚动体，为轴承故障损伤部件确定提供依据，故障诊断结果可以为旋转机械运行状态分析提供重要参考，从而为旋转机械安全平稳运行提供支持。系统需要提升的地方在于，对于轴承损伤直径或损伤深度的判定结果还不够准确，需要开展更深入的研究以提升模型对轴承损伤直径或损伤深度判定的准确性。

6.3　本章小结

首先，本章以天体光谱为应用背景，利用轨迹数据分析的相关手段和方法对天光背景数据、低质量光谱数据的时空分布特征进行分析提取并开展相应的聚类研究。不仅为光谱观测方案的制定提供依据，还为天体光谱及低信噪比光谱分析和处理提供了新的思路及手段。其次，在智能制造背景下，以旋转机械中的核心部件转子、轴承振动数据为基础，设计并实现了转子-轴承故障诊断原型系统。系统的运行结果表明，该系统可以从含有噪声的故障振动信号中提取出有价值的特征信息并尽可能地减少特征数据量，从而为故障检测提供可靠数据，同时故障诊断结果可以作为旋转机械运行状态分析和健康管理的一项重要参考指标，为旋转机械安全平稳运行提供支持。

参考文献

[1] YANG Y, CAI J, YANG H, et al. TAD: A Trajectory Clustering Algorithm Based on Spatial-temporal Density Analysis[J]. Expert Systems with Applications, 2019, 139: 112846.

[2] ALMEIDA D, CLÁUDIO DE S, ANDRADE F, et al. A Survey on Big Data for Trajectory Analytics[J]. International Journal of Geo-Information, 2020, 9(2): 88.

[3] 蔡江辉，杨雨晴. 大数据分析及处理综述[J]. 太原科技大学学报，2020, 41(6): 417-424.

[4] CAI J, YANG Y, YANG H, et al. ARIS: A Noise Insensitive Data Reduction Scheme Using Influence Space[J]. ACM Transactions on Knowledge Discovery from Data, 2022, 16(6):1-39.

[5] YANG Y, CAI J, YANG H, et al. Density Clustering with Divergence Distance and Automatic Center Selection[J]. Information Sciences, 2022, 596:414-438.

[6] 饶元淇，赵旭俊，蔡江辉. 轨迹数据的多特征融合及检测方法[J]. 小型微型计算机系统，2021, 42(2):264-270.

[7] 张青云，张兴，李万杰，等. 基于 LBS 系统的位置轨迹隐私保护技术综述[J].计算机应用研究，2020, 37(12):3534-3544.

[8] ZHAO X, SU J, CAI J, et al. Vehicle anomalous trajectory detection algorithm based on road network partition[J]. Applied Intelligence: The International Journal of Artificial Intelligence, Neural Networks, and Complex Problem-Solving Technologies, 2022, 52(8):8820-8838.

[9] 周开来，冯鑫伟，孟庆磊. 移动对象轨迹 Top-K 查询研究综述[J]. 现代信息科技，2022, 6(23):77-81.

[10] LIU H, CHEN X, WANG Y, et al. Visualization and visual analysis of vessel

trajectory data: A survey[J]. 可视信息学（英文），2021, 5(4):10.

[11] 苏建花，赵旭俊，蔡江辉. 采用轨迹压缩和路网划分的车辆异常轨迹检测[J].小型微型计算机系统，2022, 43(7):1438-1444.

[12] 康军，黄山，段宗，等. 时空轨迹序列模式挖掘方法综述[J].计算机应用，2021, 41(8):2379-2385.

[13] CAI J, HAO J, YANG H,et al. A review on semi-supervised clustering[J]. Information Sciences, 2023, 632:164-200.

[14] YANG H, SHI C, CAI J, et al. Data mining techniques on astronomical spectra data-I. Clustering analysis[J]. Monthly Notices of the Royal Astronomical Society, 2022, 517(4):5496–5523.

[15] YANG Y, CAI C, YANG H, et al. ISBFK-means: A New Clustering Algorithm Based on Influence Space[J]. Expert Systems with Applications, 2022, 201:117018.

[16] YANG Y, CAI C, YANG H, et al. A Trajectory Clustering Method Based on Moving Index Analysis and Modeling[J]. IEEE Access, 2022, 10:42821-42835.

[17] 王瑟，杨雨晴，蔡江辉. 基于轨迹间时空关联性的数据聚类算法[J]. 太原科技大学学报，2021, 42(1):20-25.

[18] YANG H, ZHOU L, CAI J, et al. Data mining techniques on astronomical spectra data-II. Classification analysis[J]. Monthly Notices of the Royal Astronomical Society, 2023, 518(4):5904-5928.

[19] 乔少杰，吴凌淳，韩楠，等. 情景感知驱动的移动对象多模式轨迹预测技术综述[J]. 软件学报，2023, 34(1):312-333.

[20] ZHAO X, RAO Y, CAI J, et al. Abnormal Trajectory Detection Based on a Sparse Subgraph[J]. IEEE Access, 2020, 8:29987-30000.

[21] XUE C, ZHANG T, XU Y, et al. An ocean current-oriented graph-based model for representing Argo trajectories[J]. Computers and Geosciences, 2022, 166: 105143.

[22] 苏紫娜，马军，王晓东，等. 改进 SVD 算法的转子系统轴心轨迹快速提纯研究[J]. 振动与冲击，2023, 42(10):144-154.

[23] 蔡江辉，杨雨晴，杨海峰，等. 基于轨迹聚类的天光光谱特征分析[J]. 光谱学及光谱分析，2019, 39(4):1301-1306.

[24] 杨雨晴，蔡江辉，杨海峰，等. 基于影响空间和数据场的 LAMOST 低质量光谱分析. 光谱学及光谱分析，2022, 42(4):1186-1191.

[25] YANG H, YIN X, CAI J, et al. An in-depth Exploration of LAMOST Unknown Spectra Based on Density Clustering[J]. Research in Astronomy and Astrophysics, 2023, 23(5):1-19.

[26] 杨海峰. 天体光谱数据挖掘与分析[M]. 北京：电子工业出版社，2016.

[27] LIU H, CHEN C, LI Y, et al. Individual behavior analysis and trajectory prediction[J]. Smart Metro Station Systems, 2022: 59-76.

[28] 武佳. 区块链+地理信息服务探索应用[J]. 测绘与空间地理信息，2023，46(11): 66-69.